乡村振兴院士行丛书

丛书主编 邓子新

NEW

XIANDAI ZHONGZHI XIN JISHU

现代种植新技术

本册主编 姜正军 苏 斌

U0232617

长江出版传媒 湖北科学技术出版社

图书在版编目（CIP）数据

现代种植新技术 / 姜正军，苏斌主编 . — 武汉：湖北
科学技术出版社，2023.3
（乡村振兴院士行丛书 / 邓子新主编）
ISBN 978-7-5706-2375-4

Ⅰ . ①现… Ⅱ . ①姜… ②苏… Ⅲ . ①作物 – 栽培
技术 Ⅳ . ① S31

中国版本图书馆 CIP 数据核字（2022）第 253510 号

策划编辑：唐　洁　雷霈霓　　　　　责任校对：陈横宇　郑赵颖
责任编辑：胡　婷　　　　　　　　　　封面设计：张子容　胡　博

出版发行：湖北科学技术出版社　　　　电　　话：027-87679468
地　　址：武汉市雄楚大街 268 号　　　邮　　编：430070
　　　　　（湖北出版文化城 B 座 13~14 层）
网　　址：www.hbstp.com.cn

印　　刷：湖北新华印务有限公司　　　邮　　编：430035

787mm×1092mm　　　　1/16　　　12.25 印张　　　　　　193 千字
2023 年 3 月第 1 版　　　　　　　　　　2023 年 3 月第 1 次印刷
　　　　　　　　　　　　　　　　　　　　　　定　价：39.80 元

（本书如有印刷问题，可找市场部更换）

编 委 会

"乡村振兴院士行丛书"编委会

丛书主编　　邓子新

编委会主任　王玉珍

副 主 任　　郑　华　汤吉超　王文高　林处发　吴　艳　王火明　胡雪雁

丛书编委（以姓氏笔画为序）

丁俊平　万元香　王爱民　申衍月　朱伯华　刘　黎　刘　倩

刘万里　刘玉平　阮　征　孙　雪　杜循刚　李桂冬　李晓燕

李晏斌　杨长荣　杨普社　吴三红　汪坤乾　张　凯　张　薇

陈禅友　金　莉　周　亮　姜正军　唐德文　彭竹春　熊恒多

《现代种植新技术》编写名单

本册主编　　姜正军　苏　斌

本册副主编　祝　花　张　凯　徐爱仙　刘　倩

本册参编人员（以姓氏笔画为序）

王　燕　王友珍　王利刚　王胜军　龙　钲　田　斌　乐有章

吕慧芳　朱　瑶　朱云蔚　朱文革　朱汉桥　朱桃元　刘　吟

刘亚茹　刘成平　汤　谧　孙雄军　纪　辉　李　芒　李　顿

李长林　李仁政　李兴需　李建国　李继红　李黎明　杨轶然

何绍华　邹　维　沈雯秋　宋朝阳　张　倩　张火金　张颖芳

陈旭辉　陈祥金　昌华敏　赵　琼　胡冬梅　祝菊红　袁高华

徐曾娴　殷文涛　唐　霖　唐玖珍　涂　研　陶　蔚　陶应飞

龚　伟　章　权　董严波　韩　天　韩怡峰　韩春萍　韩群营

戢小梅　程兰兰　程爱英　鲁寒英　曾学军　游　庆　雷加坤

翟敬华　熊云霞　黎明秀　操安咏　魏　武

十里西畴熟稻香，垂垂山果挂青黄。几十年前，绝大多数中国人都在农村，改革开放以后，才从农村大量迁徙到城市，几千年的农耕文化深植于每个中国人的灵魂，可以说中国人的乡愁跟农业情怀密不可分，我和大多数人一样每每梦回都是乡间少年的模样。

四十多年前，我走出房县，到华中农学院（现华中农业大学）求学，之后一直埋头于微观生物的基础研究，带着团队在"高精尖"层次上狂奔，在很多人看不见的领域取得了不少成果和表彰。党的十九大以来，实施乡村振兴战略，成为决胜全面建成小康社会、全面建设社会主义现代化国家的重大历史任务，成为新时代"三农"工作的总抓手。2022年，党的二十大报告又再次提出全面推进乡村振兴，坚持农业农村优先发展，坚持城乡融合发展，加快建设农业强国，扎实推动乡村产业、人才、文化、生态、组织振兴等一系列部署要求。而实现乡村振兴的关键，就在于能有针对性地解决问题。对农业合作社、种植养殖大户等要加大农业新理念、新技术和新应用培训，提升他们科学生产、科学经营的能力；对留守老人、妇女等要加大健康保健、防灾防疫等知识的传播，引导他们更新生活理念，养成健康的生活习惯与生活方式；对农村青少年等要加大科学兴趣的培养，把科学精神贯穿于教育的全链条，为乡村全面振兴提供高素质的人才储备。

所以当2021年有人提议成立农业科普工作室时，我们一拍即合，连续开展了38场农业科普活动，对象涵盖普通农民、农业公司、广大市民、高校师生，发起了赴乡村振兴重点县市的乡村振兴院士行活动。农业科普活动就像星星之火，如何形成燎原之势，让科普活动的后劲更足，还缺乏行之有效的抓手，迫切需要将农业科普活动中发现的疑难点汇集成册，让大家信手翻来。在湖北科学技术出版社的支持下，科普工作室专家将市民、农民、企业深度关注的热点、难点和痛点等知识汇集成册，撰写成了"乡村振兴院士行丛书"。

本丛书重点围绕发展现代农业和大健康卫生事业两方面，对当前农业从业人员和医护人员普遍关注的选种用种、种植业新技术、水产养殖业、畜牧养殖业、农业机械化、农产品质量安全、特色果蔬、中药材种植及粗加工、科学用药理念及农村健康医疗救治体系建设等方面内容，分年度组织专家进行编写。丛书采用分门别类的形式，借助现代多媒体融合技术，进行深入浅出的总结，文字生动、图文并茂、趣味性强，是一套农民和管理干部看得懂、科技人员看得出门路，普适性高、可深可浅的科普读物和参考资料。

"乡村振兴院士行丛书"内容翔实，但仍难免有疏漏和不足之处，恳请各级领导和同行专家提出宝贵意见。

邓子新

2022 年 10 月 26 日

前 言
QIANYAN

　　党的十九大报告中提出的实施乡村振兴战略，是全党工作的重中之重，是国家的中心工作。乡村振兴战略的总体目标是：坚持农业农村优先发展，按照产业兴旺、生态宜居、乡风文明、治理有效、生活富裕的总要求，建立健全城乡融合发展体制机制和政策体系，统筹推进农村经济建设、政治建设、文化建设、社会建设、生态文明建设和党的建设，加快推进乡村治理体系和治理能力现代化，加快推进农业农村现代化，走中国特色社会主义乡村振兴道路，让农业成为有奔头的产业，让农民成为有吸引力的职业，让农村成为安居乐业的美丽家园。

　　现代种植业是乡村振兴产业发展的基础。随着科技和经济的高速发展，农业种植的各种新技术层出不穷，农业种植模式也在不断创新，主要表现在设施农业、生态可持续、轻简化栽培、绿色防控、科学施肥等新技术的应用，各种高效种植轮作模式的开发，以及农业的适度规模化和集约化发展，使得农业种植的产量和效益不断提高，为我国乡村振兴战略的实施打下了良好的基础。

　　当前全国各地都掀起了实施乡村振兴战略的热潮，武汉市创新性成立了院士领衔的科普工作室，并大力开展乡村振兴院士行活动，取得了显著的成效。为配合乡村振兴活动开展的需要，推广普及现代农业种植新技术，助力乡村振兴战略高质量实施，武汉市农业农村局组织有关专家和农业技术推广人员，结合专业工作经验和生产实际应用情况，编写了"乡村振兴院士行丛书"之《现代种植新技术》一书。本书介绍了水稻、玉米、油菜、小麦、马铃薯、棉花等农作物种植的新技术，以及病虫害绿色防控和科学施肥新技术，为从事乡村振兴实践活动的科普工作者、农业培训师生、农业技术人员、农业管理工作者和农业从业人员提供参考。

由于水平有限，加之编写时间仓促，不妥之处在所难免，望读者们批评指正！

编　者
2022 年 9 月

目 录
MULU

第一章 农作物绿色优质高产栽培新技术 / 1

第一节 水稻绿色优质高产栽培新技术 …………………… 1

第二节 油菜绿色优质高产栽培新技术 …………………… 15

第三节 玉米绿色优质高产栽培新技术 …………………… 25

第四节 马铃薯深沟高垄全覆膜栽培技术 ………………… 31

第五节 小麦绿色提质增效全程机械化技术 ……………… 34

第六节 棉花麦（油）后直播高效生产技术 …………… 36

第二章 设施蔬菜新技术 / 38

第一节 遮阳网覆盖技术 ………………………… 38

第二节 避雨栽培技术 …………………………… 40

第三节 高温闷棚技术 …………………………… 42

第四节 熊蜂授粉技术 …………………………… 44

第五节 穴盘育苗技术 …………………………… 46

第六节 防虫网覆盖栽培技术 …………………… 47

第七节　二氧化碳施肥技术 …………………… 49

第八节　农用物联网大棚 …………………… 51

第九节　人工补光 …………………… 53

第十节　植物工厂 …………………… 55

第三章　果、茶栽培技术 / 57

第一节　绿茶标准化栽培技术 …………………… 57

第二节　安吉白茶栽植技术 …………………… 70

第三节　柑橘新品种（红美人）栽培技术 ………… 74

第四节　猕猴桃栽培技术 …………………… 79

第五节　草莓栽培技术 …………………… 84

第六节　西甜瓜栽培技术 …………………… 89

第七节　火龙果栽培技术 …………………… 112

第四章　肥料应用新技术 / 116

第一节　水稻机插秧同步侧深施肥技术 ………… 116

第二节　油菜（小麦）种肥同播技术 …………… 119

第三节　水肥一体化技术 …………………… 123

第四节　叶面施肥技术 …………………… 126

第五节　肥料与农药混合使用技术 …………… 128

第六节　化肥减量化之新型肥料 ‥‥‥‥‥‥‥‥‥ 130

第五章　农作物病虫害绿色防控技术 / 138

第一节　农业防治技术 ‥‥‥‥‥‥‥‥‥‥‥‥‥ 138

第二节　生物防治技术 ‥‥‥‥‥‥‥‥‥‥‥‥‥ 141

第三节　物理防治技术 ‥‥‥‥‥‥‥‥‥‥‥‥‥ 144

第四节　科学安全用药技术 ‥‥‥‥‥‥‥‥‥‥‥ 146

第五节　农药减量化技术实例 ‥‥‥‥‥‥‥‥‥‥ 148

第六章　其他新技术 / 153

第一节　光伏农业新技术 ‥‥‥‥‥‥‥‥‥‥‥‥ 153

第二节　土地复垦新技术 ‥‥‥‥‥‥‥‥‥‥‥‥ 158

第三节　农用废弃物资源化利用 ‥‥‥‥‥‥‥‥‥ 161

第四节　稻田画 ‥‥‥‥‥‥‥‥‥‥‥‥‥‥‥‥ 176

参考文献 / 179

第一章
农作物绿色优质高产栽培新技术

第一节　水稻绿色优质高产栽培新技术

一　水稻集中育秧技术

（一）技术概述

水稻集中育秧技术是按照规范化、标准化的原则建立适度规模集中的育秧基地，根据壮秧培育技术要求进行统一育秧、统一管理和统一供秧的一种集约化水稻育秧技术。水稻集中育秧通过统一种植品种、统一育秧物资、统一播种作业、统一秧田管理、统一秧苗供应，有效解决了长期以来"家家育秧，户户管理，难以育好秧、育壮秧"的问题。它不仅有利于培育标准化壮秧、降低育秧成本、提高育秧效率，而且还利于加快推进水稻生产机械化、规模化、标准化、专业化发展，促进水稻持续增产、农业持续增效、农民持续增收。

（二）技术要点

1. 选定育秧方式

水稻集中育秧主要有三种方式：连栋温室硬盘育秧（又称智能温室育秧或大棚育秧）、中棚硬（软）盘育秧、小拱棚或露地软盘育秧。可根据现有的条件，因地制宜地选定育秧方式。

2. 选择苗床

通常应选择离大田较近、排灌条件好、运输方便、地势平坦的旱地作苗床。一般苗床与大田比例为1:（80～100）。采用智能温室，多层秧架育秧，苗床与大田之比可达1:200。

3. 备好育苗营养土

育苗营养土一定要年前准备充足，早稻按每亩大田约 125 kg（中稻按约 100 kg）备土（一方土约 1500 kg，约播 400 个秧盘）。选择土质疏松肥沃，无残茬、无砾石、无杂草、无污染的壤土，水分适宜时采运进库，经翻晒干爽后加入 1%～2% 的有机肥，粉碎后备用。播种前育苗底土每 100 kg 加入优质壮秧剂 0.7 kg 拌均匀，现拌现用，盖籽土不能拌壮秧剂，营养土冬前培肥腐熟好，忌播种前施肥。

水稻基质育苗，可购买市场销售的合格水稻育秧商品基质，按其技术说明操作，取代营养土育苗，既环保又可减轻工作强度。

4. 选好品种，备足秧盘

早稻要着眼双季稻周年目标，做好品种搭配，尽量选择早熟、分蘖力强、抗倒伏的优质品种，生育期以 105～115 天为宜，如：珈早 620、鄂早 18、两优 152、两优 576 等。再生稻一般选择产量高、米质优、再生力强、抗逆性好的品种，生育期一般 130 天左右，如：丰两优香 1 号、两优 6326、天两优 616 等。中稻宜选择优质、高产、抗倒伏性强的品种，如：华夏香丝、美扬占、利丰占、华珍 115、福稻 299、虾稻 1 号、红香优丝苗、龙两优月牙丝苗、邦两优香占、华两优 2882、两优 1314、E 两优 1453、深两优 811、荃优全赢丝苗、华香优 228、魅两优 601、荃优粤农丝苗等。常规早稻每亩大田备足硬（软）盘 30 张，用种量 4 kg；杂交早稻每亩大田备足硬（软）盘 25 张，用种量 2.5 kg；中稻每亩大田备足硬（软）盘 20 张，杂交中稻种子 1.5 kg。

5. 紧盯农时，适时浸种催芽

武汉地区早稻、再生稻适宜播种期一般为 3 月 15 日—25 日，不宜迟于 3 月底。

播种前进行浸种、消毒、催芽。浸种前先晒种 1～2 天。选用咪鲜胺等药剂浸种，可预防恶苗病、立枯病等病害。常规早稻种子一般浸种 24～36 小时，杂交早稻种子一般浸种 24 小时，杂交中稻种子一般浸种 10 小时左右。早稻、再生稻、早中稻要催芽。种子放在 35℃ 的温度条件下催芽，一般 12 小时后可破胸，破胸后摊开炼芽 6～12 小时，晾干水分后待播种用。迟中稻（一季晚）

浸种后露白即可播种。

水稻温水循环消毒、浸种、催芽
图/鲁寒英

水稻温水循环消毒、浸种、催芽

先用 1000 倍液咪鲜胺进行水稻种子消毒，浸泡大约 10 分钟后再用清水冲洗干净装入催芽袋，每袋装 15 kg。然后将消毒、装好袋的水稻种子放到温水循环桶里，通电后将温度调至 28 ~ 32℃，盖好盖子。

此方法浸种、催芽同步进行，大约 48 小时即可出芽，操作简单方便又实用，最主要的是不烧芽。

6. 精细播种

（1）机械播种。先进行播种调试，使秧盘内底土厚度为 2 ~ 2.2 cm；调节洒水量，使底土表面无积水，盘底无滴水，播种覆土后能湿透床土；调节好播种量，常规早稻每盘播干谷 135 g，杂交早稻每盘播干谷 100 g，杂交中稻每盘播干谷 75 g。早稻一般 3 月 15 日开始播种。

（2）人工播种。一般 3 月 20 日—25 日抢晴播种。播种前一天，把苗床底水浇透，确保足墒出苗整齐。秧盘铺平、实、直、紧。播种前先将拌有壮秧剂的底土装入软盘内，厚 2 ~ 2.5 cm，喷足水后再播种。播种量与机械播种量相同。采用分厢按盘数称重，分次播种，力求均匀。播后每平方米用 2 g 敌克松兑水 1 kg 喷雾消毒，再覆盖籽土，厚 3 ~ 5 mm，以不见芽谷为宜。使表土湿润，双膜覆盖保湿增温。

7. 苗期管理

（1）温室育秧。

秧盘摆放：将播种好的秧盘送入温室大棚或中棚，堆码 10 ~ 15 层盖膜，暗化 2 ~ 3 天，齐苗后送入温室秧架上或中棚秧床上育苗。

温度控制：早稻第 1 ~ 2 天，夜间开启加温设备，温度控制在 30 ~ 35℃，齐苗后温度控制在 20 ~ 25℃；单季稻视气温情况适当加温催芽，齐苗后不必加温，当温度超过 25℃时，开窗或启用湿帘降温系统降温。

湿度控制：湿度控制在80%～90%。湿度过高时，打开天窗或换气扇通风降湿。湿度过低时，打开室内喷灌系统增湿。

炼苗管理：一定要早炼苗，防徒长。齐苗后开始通风炼苗，一叶一心后逐渐加大通风量，棚内温度控制在20～25℃为宜。盘土应保持湿润，如盘土发白、秧苗卷叶、早晨叶尖无水珠应及时喷水保湿。前期基本不喷水；后期气温高，蒸发量大，约一天喷一遍水。

预防病害：齐苗后喷施一遍敌克松500倍液，一星期后喷施移栽灵防病促发根，移栽前打好送嫁药。

温室水稻育秧　图／鲁寒英

（2）中、小棚育秧。

保温出苗：秧苗齐苗前盖好膜，高温高湿促齐苗，遇大雨要及时排水。

通风炼苗：一叶一心晴天开两档通风，傍晚再盖好，1～2天后可在晴天日揭夜盖炼苗，并逐渐加大通风量。二叶一心全天通风，降温炼苗，温度以20～25℃为宜，不能超过35℃。如遇长期低温阴雨天气，尽量延长盖膜期，促进秧苗生长。经过充分炼苗后，秧龄在2.5～3叶时揭膜。揭膜最好选晴天下午，厢沟内先灌水后揭开两头或一侧，以防青枯死苗。揭膜后，如遇连续阴雨天气或极端低温恶劣天气要继续盖膜。

防病：齐苗后喷一次移栽灵防治立枯病。

补水：盘土不发白不补水，以控制秧苗高度。

施肥：因秧龄短，苗床一般不追肥，脱肥秧苗可喷施1%尿素溶液。每盘用尿素1 g，按1∶100兑水拌匀后于傍晚均匀喷施。

中、小棚水稻育秧　图/鲁寒英

8.适时移栽

由于机插苗秧龄弹性小，必须做到田等苗，不能苗等田，适时移栽。早稻秧龄 20～25 天、中稻秧龄 15～17 天为宜，叶龄 3 叶左右，株高 15～20 cm 移栽。备栽秧苗要求苗齐、均匀、无病虫害、无杂株杂草、卷起秧苗底面应长满白根，秧块盘根良好。起秧移栽时，做到随起、随运、随栽。

二　机插秧大田管理技术

（一）技术概述

机插秧大田管理技术是水稻机械化育秧技术的配套技术，主要包括水田耕整、机械插秧和大田管理三个关键环节。水稻机插技术与普通的插秧技术相比具有以下优点：一是可提高播种密度，实施标准化大田管理；二是田间操作简单，可以减轻劳动强度、提高劳动效率，节省成本；三是可实现水稻生产的节本增效、高产稳产。

（二）技术要点

1.平整大田

用机耕船整田较好，田平草净，土壤软硬适中。机插前先沉降 1～2 天，防止泥陷苗，机插时大田只留瓜皮水，便于机械作业，由于机插秧苗秧龄弹性小，必须做到田等苗，提前把田整好。田整后，每亩可用 60% 丁草胺乳油

100 mL 拌细土撒施，保持浅水层 3 天，封杀杂草。

2. 机械插秧

行距统一为 30 cm，株距可在 12～20 cm 调节，相当于可亩插 1.4 万～1.8 万穴。早稻亩插 1.8 万穴、中稻亩插 1.4 万穴为宜，防栽插过稀。每穴苗数杂交早稻 4～5 苗，常规早稻 5～6 苗，杂交中稻 2～3 苗，漏插率要求小于 5%，漂秧率小于 3%，深度 1 cm。

3. 大田管理

（1）湿润立苗。不能水淹苗，也不能干旱，及时灌薄皮水。

（2）及时除草。整田时没有用除草剂封杀的田块，秧苗移栽 7～8 天活蔸后，每亩用尿素 5 kg 加丁草胺等小苗除草剂撒施，水不能淹没心叶，同时防治好稻蓟马。

（3）分次追肥。分蘖肥分两次追施，第一次追肥后 7 天追第二次肥，每亩用尿素 5～8 kg。

（4）晒好田。机插苗返青期较长，返青后分蘖势强，高峰苗来势猛，可适当提前到预计穗数的 70%～80% 时自然断水落干搁田。反复多次轻搁至田中不陷脚，叶色落黄褪淡即可，以抑制无效分蘖并控制基部节间伸长，提高根系活力。切勿重搁，以免影响分蘖成穗。

（5）防治好病虫害。主要抓好稻飞虱、稻纵卷叶螟、螟虫，及稻瘟病、稻曲病、纹枯病的防治。

水稻机械插秧　图／吕慧芳

三 水稻直播栽培技术

（一）技术概述

水稻直播栽培是指在水稻栽培过程中省去育秧和移栽两个环节，直接将种子播于大田的种植方式。与移栽稻相比，具有减轻劳动强度，缓和季节矛盾，省工、省力、省成本、省秧田等优点，已成为水稻的重要栽培方式。水稻直播栽培有水直播、旱直播和旱种三种，其中水直播是武汉市水稻直播栽培的主要方式。水稻直播栽培技术适用于有水源保证，能排能灌，田面平整，肥力中等且较均匀的田块。

（二）技术要点

1. 选用优良品种

选择苗期耐寒性好、前期早生快发、分蘖力适中、株型紧凑、茎干粗壮、抗倒性强、抗病性强、株型较矮、生育期适宜的品种。直播早稻宜选用生育期在 110 天左右的品种，直播再生稻宜选用生育期在 125 天左右的品种，直播中稻宜选用早中熟品种。

2. 精细整田

直播水稻要求做到早翻耕，田面平，田面泥软硬适中，厢沟、腰沟、围沟三沟相通，排灌通畅，田面平整无积水，高低落差控制在 3 cm 以内。平整田面要在播种前一两天完成，待泥沉实后再播种。

3. 适时播种

武汉地区直播早稻、再生稻适宜播种期为 4 月 10 日前后，选择日均温度在 15℃以上、播后 3 天左右为晴天时播种。早稻杂交稻亩用种量 2.5 ~ 3 kg，常规稻亩用种量 6 ~ 8 kg。再生稻杂交稻亩用种量 2 ~ 2.5 kg，常规稻亩用种量 5 ~ 6 kg。直播中稻播期视茬口而定，杂交稻亩用种量 2 kg 左右，常规稻亩用种量 4 kg 左右。直播稻浸种催芽以破胸播种较为适宜。

4. 定量匀播

人工播种方法有撒播、点播和条播，采取分厢定量的办法，先稀后补，即先播 70% 种子，后用 30% 种子补缺补稀，确保均匀，播后轻埋芽，点播的每

亩不少于2万穴。当秧苗3~4叶期,及时进行田间查苗补苗,移密补稀,使稻株分布均匀。

机械直播,根据播种量和株行距对机具进行调试,播种的标准穴距为20 cm×18 cm,杂交稻每穴2~4粒谷种,常规稻每穴5~7粒谷种。播种机一般按田块长度方向播种。当播种结束后,对机械驶出口及田块四周边角及时进行人工补种。

5. 平衡施肥

掌握"前促、中控、后补"的原则,控制总量,防止早衰倒伏。氮肥总量较常规育苗移栽减少10%。中等肥力稻田,两系品种纯氮总量不超过12 kg,三系品种不超过9 kg,氮、磷、钾的配比为1:0.5:(0.6~0.8)。氮肥的70%~80%作底肥施用,20%~30%作穗肥施用;磷肥全作底肥施用;钾肥全作底肥或80%作底肥,20%作穗肥施用,底肥在耕田时施用。

6. 科学管水

管水要结合施肥、除草进行干湿管理,浅水勤灌,够苗后重晒田,促深扎根防倒伏。一般二叶一心前湿润管理促扎根,切忌明水淹苗。二叶一心后浅水勤灌促分蘖。中期适度多次搁田,可采用"陈水不干、新水不进"的方法,封行够苗后重晒田。当秧苗叶色转淡、叶片挺直如剑、进田站立不陷脚时,及时复水,间歇灌溉。抽穗扬花期保持浅水层,灌浆结实期间歇灌溉。成熟期切忌过早断水,收割前7天断水,确保增加千粒重。

7. 草害防控

遵循以农业防控、物理防控、生物防控为基础,化学防控为重点的原则。播后化学除草采用"一封、二杀"的防治策略,播后苗前选用丙草胺(含安全剂)、苄嘧磺隆及其混剂进行土壤封闭处理;水稻3~4叶期选用五氟磺草胺、氰氟草酯、噁唑酰草胺、二氯喹啉酸、双草醚、二甲四氯、灭草松及其混剂进行茎叶喷雾处理。

8. 病虫害防治

根据病虫预测预报,重点抓好稻飞虱、稻纵卷叶螟、螟虫,及稻瘟病、稻曲病、纹枯病的防治。

9.适时收获

稻谷九成黄熟时，抢晴天采用机械收获。

水稻直播 图/韩怡峰、吕慧芳

四 水稻"一种两收"栽培技术

（一）技术概述

再生稻是利用水稻的再生特性，在头季稻收割后，采用适当的栽培管理措施，使收割后的稻桩上存活的休眠芽萌发再生蘖，进而抽穗成熟的一季水稻，即种一季收两季，因此也称水稻的"一种两收"。

该技术具有以下优点：一是种一季收两季，再生季不需要播种、育秧、翻耕耙田；二是生育期短，再生季一般只需60多天就可收获；三是增加粮食产量和效益，再生稻一般亩产200～250 kg，高产可达450 kg以上，有利于增产增收，综合利用温、光、水资源，提高生产效益；四是省种、省工、省时、省水、省肥、省药；五是栽培技术简便，容易操作；六是米质优，由于再生稻生长期间温差大、不用药或少用药，米质明显优于头季稻，食味极好。

（二）技术要点

▼头季稻

1. 品种选择

选用头季稻优质、高产、抗逆性强、适应性广、生育期在135天以内的早中熟品种，如圳优6377、秧苏2号、丰两优香1号、两优6326、天两优316、新两优223等。

2. 适期播种

保温育秧，3月20日前播种下泥，有温室大棚育秧的地区可提早到3月15日播种。每亩大田用种量1.5～2 kg，机插秧育秧时应匀播于25个左右育秧盘。采用旱育秧时，秧田与大田面积比应大于1：20。

3. 育秧施肥

选晴天晒种1～2天后浸种，用25%咪鲜胺3000倍液浸种30小时，清水洗净后装在透水通气好的袋内日浸夜露，间歇浸泡2天催壮芽。摊晾干燥后用流水线机播于育秧盘中。播后按15～20盘叠放大棚中，暗化处理2天，齐苗后平放秧棚中。秧田亩施45%三元复合肥40 kg加1 kg锌肥作底肥，一叶一心时亩施尿素5 kg作断奶肥，移栽前亩施尿素5 kg作送嫁肥。

4. 适时移栽

机插秧秧龄25天以内，人工栽插或抛栽秧龄可以适当延长，一般25～30天，要保证栽插密度，提高均匀度，再生稻每亩栽插1.5万穴以上。当秧龄偏长不宜机插时，可采用人工抛秧或人工栽插移栽。

5. 科学管水

头季稻除返青期、孕穗期和抽穗扬花期田间保持一定的水层外，其他阶段均以间歇灌溉、湿润为主。收获前5天断水，切忌断水过早。在移栽后1个月左右，头季亩苗数达到18万株左右时及时排水晒田，最高苗控制在25万株以内，确保成穗达18万株。前茬机收时，收割前晒田时间可适当提早和延长，要求田面彻底晒干发白，防止机械收获时对母茎碾压损伤比例过大而影响再生季产量。

6. 合理施肥

科学配方施肥，总的原则是：控氮、稳磷、增钾、补微。头季亩施纯氮 12 kg 左右，氮、磷、钾的比例为 1∶0.5∶1。磷肥全部作底肥施用；钾肥底肥施 50%，其余的 50% 在晒田复水时与氮肥一起追施；氮肥底肥占 50%，返青肥占 20%～30%，晒田复水后施穗肥占 20%～30%。在施用底肥时，每亩补施锌肥 1 kg 和硅肥 4 kg。

7. 防治病虫害

注意防治二化螟、稻纵卷叶螟、稻飞虱，以及纹枯病、稻瘟病等。

8. 适时重施促芽肥

这是再生稻促早发、夺高产的重要措施。一般在头季收割前 7～10 天施用，如果在雨后施用效果更好，亩施尿素 10 kg。

9. 及时收割，适当留桩

根据头季稻的高度和收割时间确定适宜的留茬高度，留茬高度与倒 2 叶叶枕平齐为宜。一般株高在 110 cm 以上的品种留茬 50 cm，株高在 100 cm 左右的品种留茬 40 cm 左右。收割时，要做到整齐一致、平割不要斜割，并抢晴收割。具体是晴天下午割，阴天全天割，雨天抓紧雨停后抢割。割后稻草要及时运出田外，不要压在稻桩上，踏倒的稻桩应及时扶正，促使再生稻发苗整齐一致。

⚫ 再生稻

1. 科学管水

头季稻收割后，必须及时灌水护苗，头季收割时如遇高温干旱，应给禾蔸浇清水，以增加田间湿度，降低温度，提高倒 2、倒 3 节位芽的成苗率。再生季齐苗后保持干干湿湿。

2. 酌施提苗肥

再生稻提苗肥一般在头季稻收割后 2～3 天施用，每亩施尿素 3～5 kg，促使再生苗整齐粗壮。

3. 防治病虫害

主要注意防治稻飞虱、叶蝉等危害。

4. 喷施叶面肥

在再生稻始穗期用"920"，亩用量 1 g，加磷酸二氢钾 100～150 g，兑水 50 kg 喷雾，可促进再生季抽穗整齐和灌浆。

5. 黄熟收割

由于再生稻各节位再生芽生长发育先后不一，抽穗成熟期也参差不齐，所以要坚持黄熟收割，不宜过早，以免影响产量。

再生稻种植　图／吕慧芳

五 双季稻机械化双直播技术

（一）技术概述

双季稻机械化双直播技术是以机械精量穴直播技术为核心，集成相关绿色高产栽培管理技术，形成的双季稻周年机械化轻简高效栽培技术。该技术能够显著降低双季稻生产的劳动强度，提高资源利用效率，实现双季稻节本丰产增效。该技术的推广有利于稳定和恢复发展双季稻面积，保障国家粮食安全，促进农民增收。

（二）技术要点

1. 品种选择

早稻选择生育期在 110 天以内、产量高、抗性较好的品种，如珈早 620、两优 152、两优 576、冈早籼 11 号、两优 287、中早 39 等。晚稻选择鄂香 2 号、泰优 068、源稻 19 等优质品种。

2. 播期控制

早稻宜在 4 月 5 日左右播种，日均气温要稳定在 12℃以上。晚稻宜在 7 月 20 日以前播种。

水稻种植　图 / 韩怡峰、吕慧芳、汪甫刚

3. 机械直播

采用同步开沟起垄的水稻精量穴直播机进行直播，穴距为 12 cm，行距常规稻为 20 cm、杂交稻为 25 cm。穴播量杂交稻为 3 ~ 5 粒谷、常规稻为 5 ~ 8 粒谷。

13

4. 草害防治

种子直播后 3 天内进行芽前封闭除草,施药要均匀且全田覆盖。在三叶一心期选择对口药剂杀灭余草,药后保持 5 ~ 7 天水层。

5. 水分管理

播后保持田面湿润有水迹,便于种子扎根。在水稻封行时,根据苗情适当早晒、重晒田,防止倒伏。

6. 肥料运筹

氮肥管理宜"早轻晚重"。早稻氮肥亩用量 8 kg 左右,晚稻氮肥亩用量 10 kg 左右。早稻磷肥用量占全年 70% 左右,晚稻钾肥用量占全年 70% 左右。

7. 注意事项

(1)早稻如遇倒春寒等灾害天气,7 月 20 日之前不能完全成熟的,要及时收割,确保晚稻生产。

(2)农户自留种要注意田间除杂,播前测定发芽率以调整播量,当年早稻种不能直接作晚稻播种。

第二节　油菜绿色优质高产栽培新技术

一　油菜绿色高效"345"技术模式

（一）技术概述

油菜绿色高效"345"模式是通过优新品种、种子包衣、密植栽培、缓（控）释肥、绿色防控与"种肥药机"一体化等新品种、新技术、新装备有机融合与集成组装，形成的技术模式。该技术模式在显著减少农药、化肥投入的同时，实现亩投入 300 元、亩产 400 斤（200 kg）、亩效益 500 元的"345"生产目标（以 2021 年为参考基数）。

（二）技术要点

1. 优选品种

选择耐密、高产、抗倒、抗病、优质，且经省、国家审定或农业农村部登记的种植适宜区域包括湖北的双低油菜品种，即：早熟（"一早"），低芥酸、低硫苷（"双低"），抗病、抗裂角（"双抗"），高产、高油、高油酸（"三高"）的宜机化品种，如中油杂 28、大地 199、中油杂 19、华油杂 62R、中双 11 号等。

2. 适时播种

9 月下旬至 10 月上中旬，土壤墒情适宜时用多功能播种机播经新美洲星、种卫士等拌种剂处理的优质油菜种子每亩 0.4 ~ 0.5 kg、宜施壮等油菜专用缓释肥每亩 40 ~ 50 kg，成苗密度每亩 1 万 ~ 2 万株。播后 3 天内喷雾乙草胺封闭除草。10 月中下旬播种的，可采用免耕飞播的方式播种，最好在水稻收获前 1 ~ 2 天用无人机播种，播种量可适当加大。水稻收获后立即撒施底肥，开沟做厢。要创造条件尽量早播，最迟不能迟于 10 月 25 日。干旱年份播种开沟后立即采取沟水渗厢的方式补墒，遇连续阴雨天气则需在播种前先开沟滤水。

3. 化调促壮

蕾薹期喷施新美洲星、碧护等肥药促稳健生长，提高抗逆性。旺长苗冬前喷 15% 多效唑控旺，弱小苗每亩追施尿素 5 kg 促长。

4. "一促四防"

及时清沟排渍，做到明水能排暗水能滤，减轻渍害发生。初花期和盛花期利用无人植保机喷施菌核净、咪鲜胺、新美洲星、磷酸二氢钾、速乐硼等药剂，促进生长结实，防治菌核病、防花而不实、防后期早衰、防高温逼热。

5. 适时机收

直接收获：在完熟期采用联合收割机，秸秆粉碎还田；分段收获：在全田 80% 角果变黄时，机械或人工割倒，晾熟 5 ～ 7 天后机械捡拾脱粒。收获的菜籽及时晾晒（烘干）、去杂，水分控制在 9% 以下时入仓储藏。

油菜种植 图/韩怡峰、吕慧芳

二 直播油菜优质丰产轻简高效栽培技术

（一）技术概述

该技术以直播油菜"以密增产、以密补迟、以密省肥、以密控草、以密适机"的"五密"栽培理论为指导，集成高产、优质、抗倒品种选用，机械精量播种，专用缓释肥和机械收获等关键技术，压减物化投入、减少管理环节、提高资源利用效率，实现直播油菜优质丰产轻简高效生产目标。

该技术与直播油菜习惯的每亩 1 万~2 万株的种植密度相比，增至每亩 3 万~4 万株，平均增产 10% 以上，减肥 6%~15%，杂草减少 20%，抗倒性增加 5%，机收损失率降到 8%，亩平均减少用工 2 个，亩平均节约成本 50 元以上，大面积亩产稳定在 180 kg，效益提高 200~300 元。

（二）技术要点

1. 粉碎秸秆

在 10 月 15 日前选用集秸秆粉碎与抛撒装置于一体的联合收割机收获前作，留茬高度小于 18 cm，秸秆粉碎长度 10~15 cm，均匀抛撒后利于后续翻压还田。

2. 优选品种

选择耐密、高产、抗倒、抗病、优质，且经省、国家审定或农业农村部登记的种植适宜区域包括湖北的双低油菜品种，即：早熟（"一早"），低芥酸、低硫苷（"双低"），抗病、抗裂角（"双抗"），高产、高油、高油酸（"三高"）的宜机化品种，如中油杂 28、大地 199、中油杂 19、华油杂 62R、中双 11 号等。

3. 联合播种

（1）机播作业。前茬收获后，选用一次性完成深旋（水田 20~25 cm、旱地 25~30 cm）、秸秆翻压、开沟、施肥、播种、镇压等多种工序联合作业的油菜直播机播种作业。

（2）合理播期。最佳播种期为 9 月 25 日—10 月 15 日。水田油菜播种期不迟于 10 月 25 日，旱地油菜播种期不迟于 10 月底。适播期内尽量早播。

（3）抢墒播种。水田和旱地播种深度分别控制在表土 1~2 cm，土壤田间有效持水量在 70% 以下，适当镇压，提高田间出苗率。土壤湿度过大时（田间有效持水量在 80% 以上）切勿镇压。播期内墒情不足时要造墒播种，用新美洲星等拌种可有效缓解墒情不足的影响，提高播种出苗质量。

（4）均播密植。水田油菜每亩播种量 300~500 g，旱地油菜每亩播种量

250～300 g，迟播适当加大用种量，确保越冬期水田油菜每亩达到 3 万～4 万株、旱地油菜每亩达到 2.5 万～3 万株的基本苗。油菜行距为 20～25 cm，晚播亩密度高于 3.5 万株时宜进行 15～30 cm 的宽窄行配置。

（5）高效施肥。底肥用专用缓释肥（氮、磷、钾配比为 25∶7∶8 或相近配方，并含硼、镁、锌等中微量元素）。水田油菜每亩施 40～45 kg，随机播时隔行或者窄行条施。旱地油菜每亩施 35～40 kg，隔行条施。

（6）清理"三沟"。播种结束后，及时清理厢沟、腰沟、围沟，水田要求"三沟"深度分别达到 20～25 cm、25～30 cm、30～35 cm，旱地可略浅，确保油菜全生育期田间沟沟相通，排渍通畅。

油菜花海　图/韩怡峰、吕慧芳

4. 壮苗调控

基于冬至苗情，当亩绿叶数为 18 万～24 万片（单株绿叶数 8 片以下）时，雨前亩追施尿素 5 kg 左右或者尿素加有机水溶肥促壮。当亩绿叶数超过 36 万片（单株绿叶数 9 片以上）时，无人机亩喷施 1 L 多效唑（浓度 7.5 g/L）或烯效唑（浓度 2.5 g/L）控旺；–5℃寒冷冬季叶面喷施抗冻剂防冻。在蕾薹初期（薹高 8～12 cm），亩追施 2.5～5 kg 钾肥提高抗倒性。

5. 绿色防控

正常年份一般不用除草。苗期杂草危害较轻时，结合中耕松土抑制草害发生；草害严重时，可用高效盖草能或烯草酮防除禾本类杂草，用高特克防除阔叶杂草。苗期可用噻虫嗪或高效氯氟氰菊酯防治蚜虫，用溴氰菊酯或阿维菌素防治菜青虫。初花期实施"一促四防"，即：促进生长结实，防治菌核病、防花而不实、防后期早衰、防高温逼热。

6.适期收获

全株角果 70% ~ 80% 落黄，主茎中部角果籽粒呈该品种固有籽粒颜色时，机械割倒平铺 5 ~ 7 天后，捡拾脱粒。或在植株中上部茎干明显褪绿、角果枯黄时，采用油菜联合收获方式收获，秸秆粉碎还田。

三　油菜免耕飞播、稻草全量还田轻简高效种植技术

（一）技术概述

油菜免耕飞播，是指在水稻收获前后运用无人机飞播油菜种子、机收水稻留高桩、一次性施用油菜专用缓释肥、机械开沟、绿色防控和机械收获等关键技术的高效轻简绿色种植模式。该技术模式具有以下优点：一是在水稻收获前后的 2 ~ 3 天共 1 周左右的时间播种，减少了水稻收获后的翻耕整理工序，节约时间 1 周以上，有效解决稻—油轮作时茬口的矛盾；二是可有效利用稻田土壤墒情，促进油菜种子萌发；三是利用秸秆粉碎还田、无人机飞播、机械开沟等装备，可大幅降低人工劳动强度和人力成本；四是机械收割水稻时留高桩原位粉碎还田，解决了整地种植油菜时的秸秆处理问题，同时能充分发挥稻草覆盖还田的保墒、抑制杂草和提高土壤有机质功能，有利于油菜高效绿色生产。

（二）技术要点

1.前茬管理

稻田后期适当留墒（土壤含水量 30% 左右），保持收割机下田不留深痕为宜。采用带秸秆粉碎抛撒装置的水稻联合收割机收割水稻，留茬高度 40 ~ 50 cm，秸秆粉碎均匀还田。粉碎的稻草最好能均匀抛撒在田面上，达到原位均匀覆盖还田的目标，部分秸秆抛撒不均匀时可以辅以人工覆盖。可选用久保田 4 LZ–4 型履带收割机、东风常拖 4 LZ–4.0 Z 收割机、沃德锐龙 4 LZ–5.0 E 收割机等机型并加装配套的秸秆粉碎配件。

2. 种子选择与处理

湖北省稻—油轮作的油菜品种宜选择轮作项目推荐品种，稻—稻—油和稻—再—油生产区域由于轮作制给予油菜的生育时间有限，一般选用早中熟优质甘蓝型油菜品种。播种前用新美洲星等拌种或用种卫士等包衣种；也可以不进行种子处理直接播种。

3. 无人机飞播

依据油菜播种时间，在水稻收获前后用农用无人机飞播油菜，采用免耕种植方式。10月上旬腾茬的田块，采取水稻收获后飞播油菜方式，油菜亩用种量300～350 g；10月中旬套播，在水稻收获前1～3天飞播，亩用种量350 g左右；10月下旬套播，在水稻收获前3～5天播种，亩用种量350～400 g。随着播期推迟相应增加用种量，适宜播种时间为10月，播期最迟不晚于11月上旬。亩用种量最多不超过500 g。无人机可选用极飞P0或大疆1 P–RTK等机型，飞行高度为3 m左右，每小时工作效率80～100亩，选择无雨无风天气进行作业。

4. 科学施肥

在油菜播种后20天内进行施肥作业，可以采用人工均匀撒施或机械撒施。当油菜籽目标产量水平为每亩120～150 kg时，每亩施用氮–磷–钾（纯量）9–3.5–2.5 kg；产量水平为每亩150～180 kg时，每亩施用氮–磷–钾（纯量）11–4–3 kg，另每亩施硼砂0.5～0.75 kg。建议施用油菜专用配方肥，如宜施壮或新洋丰油菜专用缓释肥（25–7–8，含硼）40～50 kg。如用油菜专用缓释肥则后期不用追肥，用一般油菜专用配方肥在薹期视苗情每亩追施尿素3～5 kg。

5. 机械开沟

播种施肥完成后即用开沟机开沟做厢，沟土分抛厢面。厢宽2～2.5 m，厢沟深25～30 cm、宽25 cm左右，腰沟深30～32 cm、宽30 cm左右，围沟深32～35 cm、宽35 cm左右，做到厢沟、腰沟、围沟"三沟"相通，确保灌排通畅。可以选用1 KJ–35型圆盘开沟机，与其配套的拖拉机动力为36.8～58.8 kW（50～80马力），作业效率为每小时5～8亩。

6. 适时灌溉

开好沟后，有条件时建议灌一次渗沟水，水不过厢面。干旱时采取沟灌渗厢的方式灌溉，保证厢面湿润 3 天以上，确保一播全苗。

7. 绿色防控

稻草全量还田控草能力强，一般可以不进行封闭除草。常年草害严重的田块，在油菜 4～5 叶时，喷施油达（50% 草除灵 30 mL、24% 烯草酮 40 mL、异丙酯草醚 45 mL）等油菜田专用除草剂一次，可采用无人机、田间行走机械或人工喷雾等方式。蕾薹期用无人机喷施 45% 咪鲜胺每亩 37.5 mL 和助剂融透 20 mL 防控菌核病。菌核病偏重发生年份，在花期再用无人机喷施多菌灵、菌核净、咪鲜胺等药剂进行防治。

8. 化控助长

有条件时，可在冬至前后喷施碧护、新美洲星等生长调节剂，增强油菜抗冻性。冬至苗偏旺田块，用 15% 多效唑可湿性粉剂 100 g 或 5% 烯效唑 40 g 兑水 50 kg 喷雾控旺，防止早薹早花，减轻冻害影响。可在防控菌核病的同时喷施新美洲星、磷酸二氢钾等促进籽粒灌浆，预防早衰。

9. 机械收获

因地制宜采用分段收获或一次性机械收获。高产田、茬口紧张田块，采取分段收获；低产或茬口不紧张的田块，可采取一次性机收。分段收获，应在全田油菜 70%～80% 角果外观颜色呈黄绿色或淡黄色时，采用割晒机或人工进行割晒作业，就地晾晒后熟 5～7 天，成熟度达到 95% 后，用捡拾收获机进行捡拾、脱粒及清选作业，作业质量应符合总损失率 ≤ 6.5%、含杂率 ≤ 5%、破碎率 ≤ 0.5% 等要求。一次性机械收获，在全田油菜角果外观颜色全部变成黄色或褐色、完熟度基本一致时收获，联合收割作业质量应符合总损失率 ≤ 8%、含杂率 ≤ 6% 的要求，割茬高度应不超过 25 cm。菜籽及时晾晒入库或放阴凉通风处储藏。

四 优质油菜"一菜两用"栽培技术

（一）技术概述

油菜"一菜两用"（又名"一种双收""油蔬两用"）是油菜在一个生长周期

内先在薹期收获菜薹作蔬菜，再在成熟期收获油菜籽，从而实现"一菜两收"。该技术的核心是选用再生能力强、再生分枝快、菜薹适口的早熟双低品种，配合使用秋发栽培技术，主攻早发、早薹，适时适度摘薹，实现菜薹、菜籽双高产。该技术简单易行，投入较少，对油菜产量影响不大，增产增收效果显著，一般亩增产菜薹 250～450 kg，增收 300～1000 元，因而很受农户欢迎。

油菜抽薹期　图／刘倩

油菜结荚期　图／刘倩

（二）技术要点

1. 选择优良品种

选用双低高产、生长势强、整齐度好、抗病能力强的优质油菜品种，适合湖北省栽培的有中双 11 号、中油杂 28、大地 199、中油杂 19、华油杂 62R、中双 10 号、华油杂 10 号、华双 5 号、中油杂 8 号等优质双低油菜品种。

2. 适时早播、培育壮苗

（1）精整苗床。选择地势平坦，排灌方便的地块作苗床，苗床与大田之比为 1∶（5～6）。苗床要精整、整平、整细。结合整地，亩施复合肥或油菜专用肥 50 kg、硼砂 1 kg 作底肥。

（2）播种育苗。最佳播期为 8 月底至 9 月初。亩播量为 300～400 g，一叶一心间苗，三叶一心定苗，每平方米留苗 100 株左右。三叶一心时亩用 15% 多效唑 50 g 兑水 50 kg 均匀喷雾，如苗子长势偏旺，在五叶一心时按上述浓度再喷一次。

3. 整好大田，适龄早栽

（1）整田施底肥。移栽前精心整好大田，达到厢平土细，并开好厢沟、腰沟和围沟。结合整田，亩施复合肥或油菜专用肥 50 kg、硼砂 1 kg 作底肥。

（2）移栽。在苗龄达到 35～40 天时适龄移栽，一般每亩栽 8000 株左右，肥地适当栽稀，瘦地适当栽密。移栽时一定要浇好定根水，以保证移栽成活率。

4. 大田管理

（1）中耕追肥。一般要求中耕三次，第一次在移栽活株后进行浅中耕，第二次在 11 月上中旬进行深中耕，第三次在 12 月中旬进行浅中耕，同时培土壅蔸防冻。结合第二次中耕追施提苗肥，亩施尿素 5～7.5 kg。

（2）施好腊肥。在 12 月中下旬，亩施草木灰 100 kg 或其他优质有机肥 1000 kg，覆盖行间和油菜根颈处，防冻保暖。

（3）施好薹肥。"一菜两用"技术的薹肥和常规栽培有较大的差别，要施两次。第一次在元月下旬施用，每亩施尿素 5～7.5 kg；第二次在摘薹前 2～3 天时施用，每亩施尿素 5 kg 左右。两次薹肥的施用量要根据大田的肥力水平和苗的长势、长相来定。肥力水平高，长势好的田块可适当少施；肥力水平较低，长势效差的田块可适当多施。

（4）适时适度摘薹。当优质油菜薹长到 25～30 cm 高时即可摘薹。摘薹时摘去上部 15～20 cm，基部保留 10 cm，摘薹要选在晴天或多云天气进行。

（5）清沟排渍。开春后雨水较多，要清好腰沟、厢沟和围沟，做到"三沟"配套，排明水，滤暗水，确保雨住沟干。

（6）及时防治病虫害。油菜的主要虫害有蚜虫、菜青虫等，主要病害是菌核病。蚜虫和菜青虫亩用吡虫灵 20 g 兑水 40 kg 或 80% 敌敌畏 3000 倍液防治。菌核病用 50% 菌核净粉剂 100 g 或 50% 速克灵 50 g 兑水 60 kg 选择晴天下午喷雾，喷施在植株中下部茎叶上。

（7）叶面喷硼。在油菜的初花期至盛花期，每亩用速乐硼 50 g 兑水 40 kg，或用 0.2% 硼砂溶液 50 kg 均匀喷于叶面。

（8）收获。当主轴中下部角果枇杷色，种皮为褐色，全株 1/3 角果呈黄绿色时，为适宜收获期。收获后捆扎摊于田埂或堆垛后熟，3～4 天后抢晴摊晒、脱粒，晒干扬净后及时入库或上市。

第三节 玉米绿色优质高产栽培新技术

一 鲜食玉米绿色高效栽培技术

（一）技术概述

鲜食玉米是指具有特殊风味和品质的幼嫩玉米，也称水果玉米。与普通玉米相比具有甜、糯、嫩、香等特点。从品质上分有甜玉米、超甜玉米、甜糯玉米等；从籽粒颜色上分有黑色、紫色、黄色、白色等。随着人民生活水平的提高，市场对鲜食玉米的需求也越来越大。由于鲜食玉米食用部分为未成熟的幼嫩果粒，采后呼吸代谢旺盛，糖分转化快，且容易失水变质，所以应即采即上市，如果较长时间贮藏，满足市场周年供应，须进行速冻保鲜或真空包装贮藏。

（二）技术要点

1. 选择生产基地，隔离种植

选择生态环境良好的生产基地。基地的空气质量、灌溉水质量和土壤质量要符合有关规定。生产地块要求地势平坦、土壤肥沃疏松、排灌方便、有隔离条件。空间隔离：要求鲜食玉米不同品种、鲜食玉米与其他类型玉米品种，同期播种隔离 400 m 以上种植。如果有树木、山岗等天然屏障，可视情况缩短隔离距离。时间隔离：要求在同一种植区内，鲜食玉米不同品种、鲜食玉米与其他类型玉米品种，采用分期播种，使花期错开 20 天以上。

2. 因地制宜，选用良种

根据市场需求和种植习惯，选择优质、高产、抗逆性强、商品性好、口感好等综合性状优良，且通过审定适宜当地种植的优良品种，如博宝、玉香金等鲜食玉米品种。选择品种时，结合生产实际，选用生育期适当的品种，如早春播种选用早熟品种，提早上市；春播、秋播可根据上市需要，选用早、中、晚熟品种，分期播种，均衡上市；延秋播种选用早熟品种。

3. 精细整地，施足基肥

播种前，深耕细耙，深耕 20～25 cm，细耙达到土壤细碎、土层疏松。一般单行播种 1.2 m 开厢，双行播种 2 m 开厢，厢高 20 cm，厢沟、腰沟、围沟"三沟"配套。结合整地，施足基地。一般亩施商品有机肥 100～200 kg 或三元复合肥 60 kg，硫酸锌 0.5 kg。

4. 分期播种，合理密植

根据气候条件、市场需要和栽培方式，分期排开播种，错期上市。武汉地区春播，应在土层 5 cm 深处地温稳定在 12℃以上时，选冷尾暖头抢晴播种。塑料大棚和小拱棚育苗、大田移栽地膜覆盖栽培，在 2 月上旬至 3 月上旬播种，二叶一心移栽，5 月下旬至 6 月上旬采收；大田直播地膜覆盖栽培，在 3 月中旬至 4 月上旬播种，6 月中下旬至 7 月初采收；露地直播，在清明前后播种，7 月上旬采收。秋播鲜食玉米一般在 7 月中下旬至 8 月 5 日播种，9 月下旬至 11 月上中旬采收。延秋栽培于 8 月 5 日—10 日播种，但后期易受低温影响，有一定的生产风险。

大田直播，甜玉米亩用种量 0.6～0.8 kg，糯玉米亩用种量 1.5 kg；育苗移栽，甜玉米亩用种量 0.75 kg，糯玉米亩用种量 2 kg。双行播种的采取宽窄行种植，大行行距 80 cm，小行行距 40 cm，株距 24～26 cm；单行播种的株距 20 cm，每亩种植密度 3500～4000 株。

5. 田间管理

（1）破膜放苗。地膜覆盖栽培的田块，幼苗出土至二叶一心，气温稳定在 15～18℃时，及时放苗出膜，并用细土将苗孔四周的膜压紧、压严。

（2）查苗、补苗、定苗。出苗后及时查苗和补苗，使补栽苗与原有苗生长整齐一致。二叶一心至三叶一心定苗，疏除病苗、弱苗、小苗等，每穴留 1 株健壮苗。

（3）肥水管理。春播玉米于幼苗 4～5 叶期追施苗肥，每亩追施尿素 3～4 kg；7～9 叶期追施攻穗肥，每亩追施三元复合肥 25 kg，并及时培土。在玉米授粉灌浆期，叶面喷施 0.1%～0.2% 磷酸二氢钾。秋播玉米重施苗肥，补施攻穗肥。

玉米不同的生长时期对水分的要求不同。苗期适当控制水分，有利于根系下扎，培育壮苗。春季雨水多，秋季有时遇暴雨，应及时清沟排渍。拔节至抽雄前以干湿交替为原则，当土壤田间持水量在 65% 以下时，可沟灌 1/5 ~ 1/4 沟深的跑马水。抽穗前 10 天至灌浆成熟期，保持土壤田间持水量 70% ~ 80%，注意防旱、防涝、防渍，不可过早断水。

（4）除蘖去穗。6 ~ 8 叶期及时除去分蘖，促进田间通风透光。一般每株只保留一个主穗，将主穗以下小穗及时去掉。如果茎干健壮、双穗率高的品种，也可适当选留同时吐丝的双果穗。

（5）人工辅助授粉。抽穗开花期，如遇连续阴雨或干旱天气，应抢时进行人工辅助授粉 1 ~ 2 次。

6. 病虫害防治

（1）防治原则。贯彻"预防为主，综合防治"的植保方针，坚持以农业防治、物理防治、生物防治为主，化学防治为辅的原则。农药使用严格执行国家有关的规定，禁止施用高毒、高残留农药及有机磷农药，严格遵守农药安全间隔期规定，在收获期前 20 天禁止施用化学农药。

（2）主要病虫害。主要病害有：玉米纹枯病、大斑病、小斑病、锈病等。主要虫害有：地老虎、玉米螟、玉米蚜及草地贪夜蛾等。尤其是草地贪夜蛾近年呈重发态势，要密切关注，提早监测，科学防控。

（3）农药防治主要方法。病害防治：防治纹枯病，发病初期选用井冈霉素、多菌灵等喷雾，间隔 7 ~ 10 天，连施 2 次。防治大斑病、小斑病，发病初期选用粉锈宁、多菌灵等喷雾，间隔 7 ~ 10 天，连施 2 次。防治锈病，发病初期选用粉锈宁、硫黄等喷雾，间隔 10 天，连施 2 ~ 3 次。虫害防治：防治地下虫害，在播种时用辛硫磷与盖种土拌匀盖种。防治玉米螟，可在大喇叭口期将 BT 颗粒剂撒于心叶内，或用 BT 乳剂对准喇叭口喷雾，间隔 7 天，连施 2 次。防治蚜虫，可选用吡蚜酮等喷雾，间隔 7 ~ 10 天，连施 2 次。防控草地贪夜蛾，抓住低龄幼虫的防控最佳时期，施药时间最好选择在清晨或者傍晚，注意喷洒在玉米心叶、雄穗和雌穗等部位。在卵孵化初期，选择喷施白僵菌、绿僵菌、苏云金杆菌制剂以及多杀菌素、苦参碱、印楝素等生物农药防治。当玉米田虫口密度达到 10 头 / 百株时，可选用氯虫苯甲酰胺、氟氯氰菊酯等喷雾，进行应急防治。

7. 适时采收

鲜食玉米在籽粒发育的乳熟期，含水量 70%，花丝变黑时为最佳采收期。一般春播甜玉米在吐丝后 17～23 天采收，糯玉米在吐丝后 22～25 天采收，普通玉米在吐丝后 25～30 天采收。秋播甜玉米在吐丝后 20～28 天采收，糯玉米在吐丝后 23～28 天采收。延秋栽培的鲜食玉米，灌浆期遇气温下降，采收期略延后。采收时连苞叶一起采收，以利于延长保鲜期，当天采收当天上市。

鲜食玉米种植　图 / 张倩

鲜食玉米　图 / 昌华敏

二 玉米宽行双株增密高产栽培技术

（一）技术概述

玉米宽行双株增密高产栽培技术，是将现有的窄等行单株、宽窄行等种植方式，改为等距宽行，同时适当扩大穴距，实现每穴 2 株的玉米增密栽培技术。该技术通过科学的株行距配置，使玉米生长期能够合理利用空间，较好地解决了密植与通风透光的矛盾，有效地增强了玉米抗倒伏能力，提高光能利用率，减轻病虫害，从而提高玉米产量。该技术具有广泛的适用性，便于播栽管理，有利于玉米的标准化、机械化生产。

（二）技术要点

1. 精选良种

选择通过审定且适宜于本地区种植的紧凑或半紧凑型的耐密高产品种。将精选的种子进行包衣，以增强种子活力，防止病虫危害。

2. 合理密植

根据品种特性、水肥条件和种植模式确定种植密度，一般行距 90～120 cm，穴距 25～35 cm，每穴 2 株，亩密度 4000～4500 株，比常规种植每亩可增加1000 株左右。

3. 适时播栽

春玉米露地直播宜早播种，于 3 月上中旬至 4 月中旬播种为宜。若实行育苗移栽，播种育苗期可比露地直播提前 10 天左右，一叶一心至二叶一心移栽。玉米播种时注意大小粒分级播种，露地直播的每穴播 2～4 粒，确保 5～8 cm粒间距离。玉米移栽时注意大小苗分级移栽和定向定距移栽。

4. 间苗补苗

直播玉米出苗后及时定苗、补苗，选留个体均匀的健壮苗，穴中的 2 棵苗要尽量大小均匀，并保留 5～8 cm 苗距。

5. 适时化调

在玉米 6～9 叶期采用玉黄金 20 mL 兑水 30 kg 喷雾。

6. 科学施肥

按每亩生产 800 kg 玉米籽粒确定施肥水平，即亩施纯氮 20～24 kg、磷 8 kg、钾 16 kg、锌 1.5 kg、硼砂 0.5 kg。底肥每亩施复混肥（氮－磷－钾 =22-8-20）30 kg、锌 1.5 kg、硼砂 0.5 kg，在垄中间开沟深施。4～5 叶期追施苗肥，每亩施复混肥（氮－磷－钾 =22-8-20）20 kg，并注意弱苗多施，壮苗少施或不施，促进平衡生长。喇叭口期在行间打孔穴施穗肥，每亩施复混肥（氮－磷－钾 =22-8-20）40 kg。

7. 防治病虫害

（1）虫害防治：苗期可喷施氯氰菊酯防治地老虎等地下害虫，在大喇叭口期可采用 BT 掺土丢心或抽雄受粉期喷施甲维盐防治玉米螟、斜纹夜蛾、蚜虫等。

（2）病害防治：大斑病、小斑病、弯孢菌叶斑病、玉米褐斑病等发病初期可用 50% 多菌灵可湿性粉剂 500 倍液，或 70% 甲基硫菌灵（甲基托布津）可湿性粉剂 800 倍液，或苯醚甲环唑喷雾，间隔 7～10 天，喷 2 次。褐斑病可用苯醚甲环唑（世高、思科）喷雾防治。锈病可于发病初期用 25% 粉锈宁可湿性粉剂 800～1000 倍液，间隔 7 天，连喷 2 次。青枯病可于小喇叭口期前喷施三唑酮、丙环唑和苯醚甲环唑等。

第四节　马铃薯深沟高垄全覆膜栽培技术

(一)技术概述

马铃薯深沟高垄全覆膜栽培技术,具有防寒、增温、节水、防渍、抗病、早熟及显著增产的效果。该技术适用于我省平原、丘陵及岗地区域马铃薯生产中,鲜薯每亩产量2000~3000 kg,亩增收1500元以上。

马铃薯种植　图/宋朝阳

(二)技术要点

1.选用优良脱毒种薯

选用高产、广适、脱毒新品种为种薯,如脱毒马铃薯华薯9号、中薯5号、中薯3号等早熟品种。

2.种薯处理

一是切块。小的种薯(30~50 g)一般不切块,50 g以上的要切块处理,以节省用种量。二是药剂拌种。种薯切块后用石膏粉或滑石粉加农用链霉素和甲

基托布津均匀拌种，并进行摊晾，使伤口愈合再播种，勿堆积过厚，以防烂种。

3. 配方施肥

每亩施农家肥 3000 kg 左右，专用复合肥 100 kg、尿素 15 kg、硫酸钾 20 kg。农家肥和尿素结合耕翻整地施用，与耕层充分混匀。其他化肥作种肥，播种时开沟点施，避开种薯以防烂种。适当补充微量元素。

4. 化学除草、除虫

整地前每亩用 50% 锌硫磷乳油 100 g，兑少量的水稀释后拌毒土 20 kg，均匀撒播地面可以防治地下害虫。播种后于盖膜前，喷施芽前除草剂进行化学除草，即每亩用都尔或禾耐斯等芽前除草剂 100 mL，兑水 50 kg 均匀喷于土层上除草效果好。

5. 科学起垄

垄距 65～70 cm，垄高 35 cm，要求达到壁陡沟窄、沟平、沟直。

6. 合理密度

一般早熟品种每亩种植 5500 株左右为宜。

7. 适时播种

冬种马铃薯播期一般为 11 月下旬至 1 月底前，宜选择晴朗天气播种。播种深度约 10 cm，费乌瑞它等品种宜深播 12 cm，以防播种过浅出现青皮现象而影响品质。

8. 覆盖地膜

喷施除草剂后应采用地膜覆盖整个垄面，并用土将膜两侧盖严保温。

9. 田间管理

（1）及时破膜。在马铃薯出苗达 6～8 片叶时，在出苗处将地膜破口引出幼苗。

（2）盖土防冻。在破膜引苗时，用细土盖住幼苗 50%，具有明显的防冻作用。

（3）防治病虫害。应重点防治晚疫病，要充分应用数字预警平台，加强预测预报，及时防控。预防性药剂可选用 70% 代森锰锌可湿性粉剂，每亩每次用药量 175 ~ 225 g；或 76% 力泰勒（丙森·霜脲氰），每亩每次用药量 100 g 等。对已发病的田块要选用治疗性药剂。可在发病初期及早用 68.75% 银法利（氟菌·霜霉威）60 ~ 75 mL，或 80% 尚典（烯酰吗啉）20 g，或 76% 克露（霜脲·锰锌）100 g 等喷雾防治。为提高防效，治疗性药剂不同年份要轮换交替使用。

10. 收获上市

收获后要避免受阳光直接照射，导致表皮变绿，降低商品率。根据市场需求，进行大小分级包装销售。

第五节 小麦绿色提质增效全程机械化技术

（一）技术概述

小麦生产管理，七分种三分管。长期以来，武汉地区小麦播种一直是最薄弱的环节，并成为制约小麦生产的重要瓶颈，主要表现为：小麦耕层浅，整地质量不好；播种质量差，出苗不均匀；播量多，密度大，易发生倒伏等问题。近几年，推广了"小麦精量匀播全程机械化技术"，通过规范播种关键环节，实现小麦一播全苗，力争构建合理群体结构，减少倒伏和病虫害发生风险，为提质、增产和增效奠定基础，配套全程机械作业，实现农机农艺深度融合，提高小麦机械化生产水平和质量。小麦绿色提质增效全程机械化技术包括良种选择、精量匀播、施肥管理、统防统治等关键技术，重点在播种环节控制播量，缩小行距，增加播种行数来达到匀播的目的，实现小麦一播全苗，做到苗全、苗匀、苗壮。

小麦种植　图/韩怡峰、吕慧芳

（二）技术要点

1.选用良种

选用适应当地生产条件，抗病性、抗倒性、抗穗发芽较强的优质、高产小麦品种，如鄂麦006、农麦126等。

2. 播量控制

在适期播种时间内（10月20日—11月5日），亩播种量控制在12.5～15 kg，其中，旱地和水田每亩播种量分别以12.5 kg、15 kg为宜（按种子发芽率85%计算），根据播期和土壤墒情适当调整。

3. 播深控制

播种时根据土壤墒情及播后气象走势调节播种深度，墒情好时播种深度控制在2～3 cm；土壤偏旱时，播种深度调节为3～4 cm。

4. 质量控制

前茬粉碎均匀抛撒，地平土细，落籽均匀，播后镇压至表土沉实。

5. 行距调节

采用条播机播种的应缩小播种行距，旱地小麦行距为15～18 cm，水田小麦行距为20 cm左右。

6. "三沟"配套

机械开沟与人工开沟相结合，做到沟沟相通，能排能灌。

7. 施肥管理

小麦亩施肥量为氮肥10～12 kg，磷肥4～6 kg，钾肥3～5 kg。氮肥分次施用，基肥占60%～70%，拔节肥占25%～30%，视苗情可在冬前（3叶期）追施10%～15%的氮肥，磷肥、钾肥全部作基肥。施用有机肥的田块，基肥用量可适当减少；在常年秸秆还田的地块，钾肥用量可减少20%～30%。可采取种肥同步一次性施肥技术，肥料主要选择长效（缓释）肥料，推荐配方：25-12-8（氮－磷－钾）或相近配方，亩施用量40～48 kg。

8. 田间管理

冬前管理促弱控旺。春季管理做好化学除草、追施拔节肥、清沟排渍，拔节前群体较大的田块注意控旺防倒。重点防治赤霉病、条锈病和纹枯病。

9. 机械作业

整地、播种、镇压、开沟、病虫草害防治、收获等环节全程机械化作业。

第六节　棉花麦（油）后直播高效生产技术

（一）技术概述

棉花麦（油）后直播高效生产技术，是指小麦、油菜收获后，用人工或机械直接在大田按适宜的株行距点播棉花种子，通过科学的田间管理，从而实现高产、高效。麦（油）后直播棉减少了制钵、育苗、苗床管理、大田移栽等环节，很大程度节省了人工、用药成本，且结铃期避开了高温影响，成铃率高。该技术是以降低用工量、减少肥料用量和补产量为主要特征的轻简高效生产技术，为棉花生产绿色、低碳、全程机械化的可持续发展奠定了基础。

（二）技术要点

1. 适时播种

6月上旬前，尽早播种。

2. 增加密度

种植密度 4000 ~ 6000 株 / 亩，行距 76 cm，穴播。

3. 一播全苗

采用机械抢墒或望墒播种，墒情较差时灌水出苗。

4. 减少肥料

氮肥用量减少至每亩 10 ~ 14 kg，氮、磷、钾肥按 1∶0.3∶1 配置，见花施用。

5. 提早化调

在棉花 5 叶时开始喷施缩节胺，连续 3 ~ 4 次，每次间隔 10 ~ 15 天，打顶后重控。

6. 催熟脱叶

10月上旬每亩喷施乙烯利 150 ~ 300 mL，催熟脱叶。如果采用机械采收，每亩须同时喷施噻苯隆 40 ~ 60 g。

7. 秸秆还田

收获后及时将秸秆粉碎，原位还田。

棉花种植　图 / 昌华敏

第二章

设施蔬菜新技术

第一节 遮阳网覆盖技术

一 技术概述

　　遮阳网又叫冷凉纱，是用聚烯烃树脂为主要原料，通过拉丝后编织成的一种轻质、高强度、耐老化的网状新型农用覆盖物，是继地膜覆盖技术之后的又一项能迅速普及推广的农用塑料覆盖新技术。

遮阳网覆盖　图 / 祝花

二 效果与特点

　　该技术具有遮光、降温、保温、保潮、防暴雨冲刷、减少病虫害发生、提高育苗成苗率等优点。遮阳网有多种规格，一般黑色遮阳网遮光率为 60% 左右,银灰色遮阳网遮光率为40%左右。夏季覆盖遮阳网一般降温4~6℃,比露地减少蒸发量60%左右,提高出苗率和成苗率20%~60%,增产20%~40%,增收30%~50%。冬季覆盖遮阳网,地面平均增温0.5~2℃,遇到霜冻,白霜凝结在遮阳网上,可避免直接冻伤植物叶片。

三 技术要点

①用于降温栽培时,晴天盖,阴天揭;中午盖,早晚揭;生长前期盖,生长后期揭;雨前盖,雨后揭;30℃以上盖,30℃以下不盖。②夏季用遮阳网育苗时,在定植前5~7天应揭网炼苗,提高秧苗的成苗率。③用于防霜冻覆盖时,应做到日落后盖,日出后揭;霜冻前盖,融冻后揭。

遮阳网覆盖技术在育苗上的应用 图 / 祝花

第二节　避雨栽培技术

一　技术概述

避雨栽培是通过覆盖农膜或网膜，减轻雨水冲击、降低菜地湿度和避免强光暴晒的一种栽培方式。

避雨栽培　图／朱文革

二　效果与特点

避雨栽培能起到减缓暴雨冲击、降湿避涝、遮光降温、保持土壤含水量和避免土壤干旱板结等作用，改善菜田小气候，优化生长环境，以达到高产优质、节本增收目的。避雨栽培可显著减轻蔬菜病害。据全国农技中心试验，番茄避雨栽培与露地栽培相比，晚疫病和病毒病发病率可降低20%以上，增产17%左右，菜农节本增收约30%。

三 技术要点

①综合利用覆盖材料避雨栽培。夏秋季播种后在地表覆盖遮阳网防暴雨冲刷，出苗后搭小拱棚覆盖棚膜、遮阳网避雨遮阳。也可在大中棚上覆盖棚膜、遮阳网避雨遮阳，留顶膜避雨，四周通风，全封闭覆盖防虫网防虫。②适时管理。避雨育苗在出苗后应及时揭除地面覆盖的遮阳网，改为棚上覆盖，定植前几天揭去遮阳网炼苗。下雨前应及时覆盖棚膜，防止雨水进入棚内；雨后要及时揭开棚膜通风降温。同时，应加强遮阳网管理，不能一盖了之，傍晚、早上和阴天要揭开遮阳网透光，阳光强时要盖上遮阳网遮阳降温。③配套措施。覆盖物应压实扎紧，防大风掀起；合理选择耐热、抗病品种；深沟高畦栽培，务必疏通沟渠，防雨水倒灌；高温干旱时应用喷滴灌科学灌溉；合理设置设施高度，防止植株顶膜。

避雨栽培技术在生菜上的应用 图／祝花

第三节 高温闷棚技术

一 技术概述

高温闷棚是利用太阳能,在夏季休闲期,使棚温升高到60℃以上,促使耕作层土壤形成55℃以上的持续高温,起到杀菌、灭虫的效果。同时,配合使用石灰氮(氰胺化钙)消毒,效果更加理想。

二 效果与特点

明显减轻蔬菜病害,克服连作障碍。对蔬菜根结线虫、枯萎病、根腐病、黄萎病、疫病、根肿病、茎腐病、白粉病及由缺钙引起的脐腐病等病虫害有明显效果,同时除草效果明显。改良土壤,缓效施肥。石灰氮所含氮素需多次水解才能变成作物可利用的氮素营养,肥效长达3～4个月,同时提供长效钙素营养。

三 技术要点

①充分闷棚。选择夏季高温时(6—9月)进行闷棚,温度越高效果越好,棚室须连续密闭暴晒15～20天。②补充石灰氮。对于根结线虫严重的棚室,每亩施入60～100 kg石灰氮,利用石灰氮与水反应形成的氰胺杀灭土壤中的根结线虫。连续使用石灰氮可逐年减少用量。③深翻湿闷。先深翻土壤30～40 cm,撒上石灰氮和切碎的麦秸、玉米秸、稻草等(1 kg/m²),与土壤充分混匀。用旋耕犁旋2遍,平整土地,灌水至饱和,盖严地膜,密闭大棚。密闭大棚之前,棚体内表面喷施1遍杀菌药和杀虫剂,以杀死躲在地缝中的病菌和害虫,高温闷蒸20天左右。闷棚后宜浅耕(10 cm左右),忌深翻。效果持续2年(热闷棚对不超过15 cm深的土壤效果最好,对超过20 cm深的土壤效果较差)。

常见的高温闷棚技术有多种,各地区可因地制宜地选择适合本区的技术。

①直接高温闷棚：简单易操作，规范操作可有效缓解病虫害的发生情况。②有机肥高温闷棚：适用于病虫害发生较轻、土壤状况良好的新基地。③秸秆还田高温闷棚：适用于有秸秆的区域，有利于疏松土壤、改善土壤板结。④沼液高温闷棚：适用于有沼液条件、蔬菜病害发生严重的大棚。⑤石灰氮（氰氨化钙）高温闷棚：适用于连作障碍严重、根结线虫等土传病虫害严重的大棚。

高温闷棚　图／李兴需

第四节 熊蜂授粉技术

一 技术概述

熊蜂为膜翅目蜜蜂总科熊蜂族熊蜂属种类的总称，是一种广谱性的授粉昆虫。人工繁育熊蜂种群，可随时提供蜂群，利用熊蜂访花的自然习性，为设施茄子、番茄、西葫芦、冬瓜、辣椒等蔬菜及草莓授粉。

熊蜂授粉技术　图/张火金

二 效果与特点

早熟、增产、提质、增收。熊蜂授粉的作物比激素及人工授粉的作物成熟早，促进坐果，显著增产。熊蜂授粉的果实畸形果少，外观圆整饱满、颜色亮丽，商品性好，完全还原果品原始自然风味，质优价高，促进菜农增收。熊蜂授粉可完全替代激素蘸花，避免激素污染，不影响菜农健康，不对作物造成药害，提高蔬菜安全水平，是生产安全蔬菜的重要技术，省工省力。

三　技术要点

①合理配置。设施茄果类、瓜类、草莓类等开花较少的作物授粉，$500 \sim 700 \ m^2$ 的大棚配置 1 群熊蜂（ 60 只工蜂）即可满足授粉需要，大型连栋温室按照 1 群熊蜂承担 $1000 \ m^2$ 的授粉面积配置。②蜂箱放置。在作物开花前 $1 \sim 2$ 天的傍晚将蜂群放入大棚内，第二天早晨打开巢门。蜂箱应放在作物畦垄间的支架上，支架高度 $30 \ cm$ 左右。③维护蜂群。熊蜂的授粉寿命为 45 天左右，当为草莓、番茄等花期较长且花粉较少的作物授粉时，需要饲喂花粉和糖水，并及时更换蜂群，保证授粉正常进行。④加强棚室管理。棚室通风口应安装防虫网，防止熊蜂逃逸。授粉期间，根据作物生长要求控制温室内的温度和湿度。注意避免喷施农药对熊蜂造成伤害，必须施药时，尽量选用生物农药或低毒农药。施药时，应先将蜂群移入缓冲间并隔离足够的时间，然后放回原位。

第五节 穴盘育苗技术

一 技术概述

蔬菜穴盘育苗技术是利用草炭、蛭石、珍珠岩等轻质无土材料作育苗基质，机械化精确播种，一穴一粒，一次性成苗的现代化育苗技术，近年来在蔬菜生产中得到大力推广。该项技术适合工厂化集中大面积育苗，有利于农机农艺融合等技术集成与应用，对促进蔬菜产业向机械化、集约化、智能化发展，推动农业产业现代化，助力乡村振兴具有重要意义。

二 效果与特点

相比传统育苗床育苗技术，穴盘育苗简单高效，成苗率高，整齐度好，成本低，亩节省用工 5~6 个，亩节省用种 10% 以上，齐苗率、成苗率、适龄壮苗率提高 10% 以上。该技术尤其适用于茄果类、瓜类、豆类及鲜食玉米类的育苗。

三 技术要点

因地制宜选择优良品种、专用基质及合适穴盘。春季宜选择耐低温品种，夏季宜选择耐高温品种。基质最好是育苗专用基质。茄果类蔬菜一般采用 50 孔或 72 孔穴盘，瓜类一般采用 50 孔穴盘。

工厂化穴盘育苗 图/祝花　　　　大棚穴盘育苗 图/祝花

第六节 防虫网覆盖栽培技术

一 技术概述

防虫网覆盖栽培技术是指利用防虫网构建人工隔离屏障，将害虫阻挡在网外，造成害虫视觉错乱，改变害虫行为，从而达到防虫效果。防虫网覆盖栽培技术是设施蔬菜安全生产的重要措施之一，已成为蔬菜尤其是叶类菜栽培的环保型农业新技术，对减少农药用量、降低农药污染、生产无公害蔬菜具有重要意义。

防虫网在青花菜上的应用 图/祝花

二 效果与特点

防虫网是一种采用添加防老化、抗紫外线等化学助剂的优质聚乙烯原料，经拉丝织造而成，形似窗纱的覆盖物，具有抗拉力强度大、抗热耐水、耐腐蚀、耐老化、无毒无味的特点。应用此项技术可大幅度减少化学农药的使用量。

三 技术要点

①覆盖前进行土壤消毒和化学除草。②根据蔬菜地的情况和不同作物、季节的需要来选择防虫网的幅宽、孔径、丝径、颜色等。一般来说，孔径20～32目，丝径0.18 mm，幅宽1.2～3.6 m的白色防虫网较适合大田生产。防虫网遮光不多，不需日揭夜盖或晴盖阴揭。一般风力不用压网线，如遇5～6级大风，需拉上压网线，以防掀开。大棚覆盖可将防虫网直接覆盖在棚架上，四周用卡簧固定严实，棚管（架）间用压膜线扣紧，留大棚正门揭盖，便于进棚操作。小拱棚覆盖，可将防虫网覆于拱架顶面，四周盖严，以后浇水直接浇在网上，一直到采收，实行全封闭覆盖。夏季棚内高温高湿，在地下水位较高、雨水较多的地区，需要及时排灌，保持适当湿度。进出大棚要将棚门关闭严密，防止害虫，特别是蚜虫、烟粉虱乘虚而入。

防虫网在夏、秋育苗上的应用　图／祝花

第七节 二氧化碳施肥技术

一 技术概述

二氧化碳是作物光合作用必需的物质基础，对作物生长发育起着与水肥同等的作用，被称为"植物的粮食"。在设施栽培中，气体交换受到限制，外界空气中的二氧化碳不能及时补充到温室内，造成室内二氧化碳含量不足，使作物长期处于二氧化碳饥饿状态，导致温室大棚中的作物光合作用非常缓慢，有时甚至会停止光合作用，严重影响作物的产量和品质。为维持植物正常的光合作用，需采取人工方法补充二氧化碳。

二 效果与特点

在通常情况下，空气中的二氧化碳含量为 0.03%，如能将其浓度提高到 0.08% ~ 0.1%，就可以使很多作物的产量、品质大大提高。据测定，如果棚内二氧化碳浓度增加到 0.1%，黄瓜可以增产 15%，番茄增产 30%，辣椒增产 25%，芹菜增产 43%。生产中一般将二氧化碳浓度 0.1% 作为施肥标准。目前生产中主要推广使用吊袋式二氧化碳发生剂，这种方法具有使用方便、产气量高、释放期长、绿色环保的特点。

三 技术要点

①施用方法。将吊袋式二氧化碳发生剂挂在温室大棚中的骨架上，通常在作物上方 0.5 m，一亩地温室挂 15 ~ 20 袋。②施用作物。一般在茄果类、瓜类、叶菜类等温室蔬菜作物施用居多。③施用时期。大棚蔬菜在定植后 7 ~ 10 天（缓苗期）开始施用二氧化碳，连续施用 30 ~ 35 天。果菜类在开花坐果前不宜施用二氧化碳，开花坐果期至果实膨大期为最佳施用期。④施用时间。根据日出后的光照强度确定。一般 11 月至次年 2 月，日出 1.5 小时后

施放；3月至4月中旬，日出1小时后施放；4月下旬至6月上旬，日出0.5小时后施放。施放后，将温室或大棚密闭1.5～2小时后再通风，一般每天一次，雨天停止。实际生产中要严格控制二氧化碳使用浓度，加强配套栽培管理，防止有害气体产生。

二氧化碳施肥技术在瓜类作物上的应用　图／郑彬

第八节 农用物联网大棚

一 技术概述

农用物联网大棚是指安装有环境监测系统、智能灌溉系统、智能通风系统，并通过农用物联网大棚管理系统进行智能化管理的新型大棚。

二 效果与特点

农用物联网大棚中环境监测系统可采集大棚内外环境气候的实时数据，为大棚自动化控制、农业环境分析提供数据支撑，管理系统可根据技术人员设定参数对大棚智能灌溉系统、智能通风系统进行自动化控制。物联网大棚管理系统是数字大棚的引擎大脑，是所有数字化大棚的数据中心，一般可提供手机APP、微信小程序、Web/PC 软件等多个使用终端，可以快速便捷地管理大棚，也可以在第一时间接收到预警消息。在大棚基地的入口可建设户外数据大屏，全面可视化展示大棚内环境实时数据、作物生长状态等数据情况，让管理人员和参观者快速、高效地了解数字大棚的情况。

三 技术要点

①物联网大棚管理中使用的可联网传感器采用防水设计，且灵敏度高、准确度高。②传感器主要采集土壤温度、湿度、养分含量（氮、磷、钾）、pH 值，以及降水量、空气温湿度、气压、光照强度等数据。③不同作物和生长阶段需要不同的环境条件，为给作物生长创造最佳条件，需要技术人员根据变化实时调控技术参数设定，实现农用物联网管理系统对大棚的自动化控制。

物联网技术在连栋大棚上的应用　图／李兴需

物联网技术在工厂化育苗技术上的应用　图／李兴需

第九节 　人工补光

一　技术概述

通常作物对红光部分（波长为 400 ~ 660 nm）和蓝紫光部分（波长为 430 ~ 450 nm）的利用效率较高，其中，蓝光有利于提高植物体内蛋白质的含量，红光则有利于提高碳水化合物的含量。早春，连续阴雨天较多，自然光照条件往往不能满足作物生长发育需求，可根据作物种类以及不同的生长阶段选择不同光质的补光灯来作为人工光源。

补光技术在春季设施大棚上的应用　图 / 祝花

二　效果与特点

弱光条件下蔬菜育苗可利用补光灯适当延长光照时间，提高蔬菜幼苗的壮苗指数，从而缩短蔬菜生长周期。根冠比、抗氧化酶活性及叶绿素含量随补光时间增加而提高，同时株高、茎粗和生长速率也明显升高。人工补光还具有促进开花期提早、上市期提前，促进瓜类着色等作用。

三 技术要点

①补光灯安装方式。一般补光灯可沿温室东西方向采用等行距的双行或三行对称的方式并列安装。通常内跨 8～10 m 的温室安装 2 行,内跨 10～12 m 的温室安装 3 行,根据补光灯平均照射面积确定补光灯间距、数量。②补光灯安装高度。补光灯安装高度(指灯罩下边沿与作物的垂直距离)应由蔬菜种类及其植物学特征和生物学特性来决定,一般茄果类、瓜类蔬菜的安装高度为 0.9～1 m,叶菜类的安装高度为 1～1.4 m,且随着植物生长,应及时调整补光灯的高度。③补光灯开启时长。补光灯开启的时长是在覆盖保温材料后 2 小时(叶菜类)或 3 小时(茄果类、瓜类)和早晨揭保温覆盖材料前的 2 小时(叶菜类)或 3 小时(茄果类、瓜类)。若有阴、雾、雨、雪等天气出现,除进行上述时长补光外,还应全天补光,补光时应注意提高温室温度。

第十节　植物工厂

一　技术概述

植物工厂是指在全封闭栽培设施内，以人工光源作为主要植物光源，对栽培环境进行自动化控制，实现植物生产高效化、省力化，从而稳定种植的生产方式。

二　效果与特点

植物工厂根据光源的不同，分为人工光照型、自然光照型、人工光照与自然光照合用型。人工光照与自然光照合用型在生产上应用较多，利用自然光源和人工光源（高压钠灯、荧光灯、LED灯等）作为光合作用光源进行作物生产，不受自然光和外界环境的影响，人工控制植物生长的温度、湿度、光照、水肥、二氧化碳等环境要素，为植物生长提供最佳环境条件，生产效率高，单位面积产量是普通温室的3~10倍。在实际生产中，主要应用于绿叶菜类栽培，如生菜一年可采收8~12茬。

三　技术要点

①植物工厂一般采用全封闭式管理，出入要注意个人清洁，防止病虫害随身带入。②植物工厂采用无土栽培，多数是基质袋栽培和水培，少数采用岩棉条栽培，不同作物要使用不同营养液配方，对光照、温度、湿度环境自动化控制要求较高。③植物工厂内的作物生长速度快，生育期显著缩短，要及时采收。

植物工厂在叶菜上的应用　图 / 李兴需

第三章
果、茶栽培技术

第一节　绿茶标准化栽培技术

茶（*Camellia sinensis*）是山茶科山茶属植物。我国拥有三千多年的饮茶历史，是最早发现茶树、栽培茶树的国家，也是世界上最大的茶叶种植国。历史上世界其他产茶国关于茶的种植、利用知识都是从我国直接或间接传入的。我国茶叶按照加工工艺可分为绿茶、红茶、白茶、青茶（乌龙茶）、黄茶和黑茶等类型。

绿茶属于不发酵茶，是我国六大茶类之首，具有产量高、质量优以及味道香醇等特点。在我国目前的茶产业中，绿茶的市场占有率达到70%以上，在推广茶文化和促进人类健康方面发挥着重要的作用，深受国内外茶爱好者的欢迎。20世纪80年代中后期，随着中高端绿茶市场被开发，茶农与企业把主要精力用在生产名优绿茶上，使其产量逐年增加，质量不断提高。经过20多年的发展，名优茶已取代大宗茶成为主导产业，形成了以名优茶为主、大宗茶为辅的格局。

常见茶叶品种

绿茶是鲜叶经过杀青、揉捻、干燥等工序加工而成，鲜叶杀青过程中可阻止多酚类物质的酶促氧化，属未发酵茶类。

红茶是鲜叶经过萎凋、揉捻、发酵、烘干等工艺加工而成，属完全酶促发酵茶类。

白茶是鲜叶不经杀青或揉捻，只经过萎凋和烘干而成，属轻微发酵茶，成茶满披白毫。

青茶又称乌龙茶，是鲜叶经过萎凋、做青、炒青、揉捻和烘干等工序加工而成，属半发酵茶。

黄茶是鲜叶经过杀青、闷黄、干燥加工而成，属轻发酵茶。

黑茶是鲜叶经过杀青、揉捻、渥堆、干燥加工而成，属微生物后发酵茶。普洱茶和砖茶都属于黑茶类。

一 品种选择

1. 碧云

由中国农业科学院茶叶研究所于 1959—1979 年从平阳群体种和云南大叶茶自然杂交后代中采用单株育种法育成，主要分布在浙江、安徽、江苏、江西、湖南、河南等省。1987 年全国农作物品种审定委员会认定为国家品种，编号 GS13044–1987。该品种树姿较直立，适用双条栽规格种植，需按时进行定型修剪和摘顶养蓬。江北茶区需注意越冬防冻。

2. 黄魁

由郎溪县安徽宏云制茶有限公司申报的茶树新品种黄魁，于 2015 年 3 月通过了安徽省非主要农作物品种鉴定登记委员会评审鉴定（品种编号：1417003）。黄魁属绿茶类，是采摘黄魁茶树嫩芽，经传统绿茶工艺加工而成。茶汤杏黄明亮，香味悠长，滋味鲜爽、醇厚，回甘微甜，叶底金黄富贵；富含氨基酸、茶多糖、叶黄素及黄酮类等多种有益身体健康的成分，是集色、香、味、形与营养价值于一体的好茶。

3. 云南大叶种

中国著名茶树良种，云南省大叶类茶树品种的总称。植株乔木型，树冠高大，自然生长树高 5 ~ 6 m，最高达 20 m 以上。

4. 福云 6 号

由福建省农业科学院茶叶研究所培育的小乔木大叶型特早生种。该品种分枝能力强，叶色绿，嫩芽叶绿色、肥壮，茸毛较多，育芽能力强，产量高，抗逆性较强。福云 6 号茶叶品种含水出物 36.88%、茶多酚 25.95%、氨基酸总量 2.28%、咖啡因 3.43%，儿茶素含量 151.24 mg/g，适制绿茶和红茶，现主要制绿茶，春季特别适制高档绿茶（扁茶、毛尖茶等）。制出的毛尖茶翠绿，条索紧细，白毫显露，香气清高，汤色翠绿明亮，滋味醇和爽口。

我国绿茶核心品牌主要有西湖龙井（群体种、龙井 43、龙井长叶等品种）、竹叶青（定点茶园及标准化生产工艺）、黄山毛峰（土种毛峰、石佛翠、安徽 3 号、安徽 7 号等品种）等。湖北绿茶也形成了诸多品牌：采花毛尖（宜昌五峰）、恩施玉露、武当道茶、邓村绿茶（宜昌夷陵）、英山云雾（黄冈英山）、襄阳高香绿茶（品牌包括：谷城玉皇剑、南漳水镜庄、荆山锦、谷城汉家刘氏茶）、伍家台贡茶（恩施宣恩）、玉皇剑（核心产地：谷城五山、大薤山、铜锣观、保康、武当山、竹山、竹溪等）、泸川龙剑（孝感杨店镇）、圣水毛尖（十堰竹山）、龙峰茶（竹溪龙王垭）、仙人掌茶（宜昌当阳）、松峰茶（咸宁赤壁）、隆中白毫（襄阳襄城）、江夏碧舫（武汉江夏）、神农奇峰（神农架）等。恩施和宜昌两地，是湖北省重要的绿茶产地、发源地。

一个好的品种引种到适宜地区种植，经济效益可成倍数提高，但如果引种到不适宜的地区，不仅不能发挥其优良特性，还会造成巨大的损失。因此品种引进必须注意以下 5 点。

（1）注意引进品种的适应性能。不同绿茶品种有不同的最适生态条件，其中最主要的是温湿条件。如果引进地区的生态条件超出了品种的最适范围，良种就不能充分表现其优良性状，使引种失败而造成损失。一般来说，引进地区与良种原产地的地理位置和纬度应尽可能相近，并选用抗寒性强、适应能力强的品种，这样引种比较容易成功。

> **采花毛尖**
>
> 采花毛尖产于"中国名茶之乡"五峰土家族自治县采花乡，该茶细秀匀直、翠绿油润、香味持久、鲜爽回甘。

（2）考虑品种适制性。不同品种茶树的芽叶外部形态特性及化学成分含量与比例不同，制成茶叶后外形和内质特点也有差别，各个品种都有特定的适制性。在名优绿茶产区引进的品种应尽量选择具有芽叶小、发芽密、芽头壮、早生、抗寒性强等特性的。生产毛峰类名优茶宜选用芽叶茸毛多、色泽绿的品种，而制作龙井、旗枪类茶叶，则需茸毛较少的品种。

（3）做好多品种合理搭配。在一个生产单位中将不同发芽期和不同特性的品种按一定比例搭配种植，这种栽培方式可提高茶叶品质，显著增加经济效益。品种的搭配首先可按发芽期的早、中、晚搭配，以利于错开春茶开采期；其次不同品种的品质各有特色，适制的茶类也不尽相同，按品种的品质进行合理搭配，可以取长补短，提高品质；此外，种植单一的无性系品种容易遭受病虫害和气象灾害的危害。综合来说，一般就品种的萌芽期来说，在进行品种搭配时，特早生品种占40%，早生品种、中生品种各占30%左右，这样的结构

比较合理。

（4）选择合适的引种季节。一般来说，要与引入地的雨季相一致。在雨季前夕或开始时引种，容易成功。

（5）做好苗木调运。苗木在运输前要做好产地危险性病虫害的检疫工作。途中要防止日晒风吹，最好使用专车运输，在苗木上覆以稻草和蓬布防日晒风吹。长途运输时，苗木根部还要用黄泥水浆沾根或填充苔藓、地衣等物保湿。此外，苗木到达目的地后应及时移栽，尽量缩短自起苗到移栽完毕的时间，以保证成活。

二 茶园基础建设

1. 选址

首先要符合茶树的生长特性和对生态环境的要求，选择气候适宜，年均温度达13℃以上，活动积温在3500℃以上，年降雨量约为1500 mm的地域。种植绿茶应选择土质疏松、透气排水性良好、土层深厚、土壤pH值4～6.5，以及交通相对便利、没有严重污染源、附近有水源、坡度不超过30°的地方建立茶园。

> **英山云雾**
>
> 英山云雾产于"中国茶叶之乡"——大别山南麓的天堂寨，依据采制工艺而分为春笋、春蕊（又名云雾）、春茗（又名毛尖）三种。邓村绿茶产于湖北省宜昌市夷陵区，采用宜昌大叶茶等地方良种，以夏秋茶为主，以"形秀丽、汤绿亮、绿豆味、板栗香"的独有品质著称全国。

2. 规划

按照实际情况，划区分块，设置茶园道路；因地制宜建立蓄、排、灌水利系统；提出园地开垦方式和方法，如确定是否需要修筑梯田，是采用人工还是机械开垦等；注意改善茶园生态环境条件，选择适宜的树种营造茶园防护林、行道树网或遮阴树。

三 整地与移栽

（一）种前整地与施基肥

茶树能不能快速成园及成园后持续高产，首先是以种前深垦、种前基肥来决定的。种前深垦既加深了土层，直接为茶树根系扩展创造了良好的条件，又能促进土壤进行一系列的理化变化，提高蓄水保肥能力，为茶树生长提供良好的水、肥、气、热条件。深垦结合施入一定量的有机肥料作为基肥，更能发挥深垦的作用。种前未曾深垦的必须重行深垦，已经深垦的，则开沟施入基肥，按快速成园的要求，应有大量的土杂肥或厩肥等有机肥料和一定数量的磷肥，分层施入作基肥。生产实践中的种前基肥用量相差较大，按大多数丰产栽培经验，种前以土杂肥为基肥每公顷应不少于 15～30t，磷肥 50～100 kg，结合深垦，分层施于种植沟中。平整地面后，按规定行距开种植沟。

> **恩施玉露**
>
> 恩施玉露是湖北省第一历史名茶，是少有的传统蒸青绿茶，制茶技艺源于唐代。恩施玉露富含硒元素，具有特殊保健功能，"茶绿、汤绿、叶底绿"为其显著特点。市场上加工恩施玉露茶所用的品种主要是龙井43，此外，鄂茶14号、鄂茶1号、鄂茶10号也是比较适合制作恩施玉露茶的品种。

（二）确定合理的种植规格

以中小叶种栽培为主的地区，主要有单条栽和双条栽两种。

单条栽：一般的种植行距 1.3～1.5 m，丛距 25～33 cm，每丛种植 2～3 株，每亩用苗 2500～4000 株。在气温较低或海拔较高的茶区，行距可适当缩小到 1.2～1.3 m，丛距可缩小到 20 cm 左右。

双条栽：在单条栽基础上发展起来的种植方式，每 2 条以 30 cm 的小行距相邻种植，大行距为 1.5 m，丛距 25～33 cm，每丛种植 2～3 株，每亩用苗 4000～6000 株。与单条栽相比，双条栽成园和投产较快，且同时保持了日后生产管理的便利性，目前已逐渐成为北方中小叶种地区主要的种植方式。

（三）茶籽直播

1.播种时间

11月底至次年3月均可播种。春播时应注意保管好茶籽，要保持适当的含水率，防止微生物污染和鼠害、虫害。适宜的保存条件为5～7℃的温度和60%～65%的相对湿度。

2.层积催芽

催芽可达到提早出土和提高出苗率的效果。将浸水饱和的茶籽和湿润的河沙（以手攥不出水为宜）按一层沙一层茶籽堆藏，沙堆不要高于60 cm，否则透气性差，容易沤烂茶籽。堆藏20天左右，随时检查茶籽发芽情况，待一半的茶籽露出胚根时就可播种。

3.播种密度和深度

整好地以后，开好种植沟，浇足水。采用条式等距离穴播，株距25～35 cm，每穴3～5粒，播种深度3～5 cm，覆好土。

4.加强苗期管理

主要有及时除草、抗旱、防冻、施肥和病虫害防治等工作。

（四）茶苗移栽

1.移栽时期

田间圃地育成的茶苗，要选择茶苗地上部处于休眠时期进行移栽，有利于茶苗成活。同时，还应该根据当地的气候条件，避免在干旱和严寒时期移栽。根据我国茶区的气候与生产情况，移栽可在秋末冬初或早春时进行。秋末冬初移栽有利于茶苗的成活，这是由于此时地上部虽然已经停止生长，而根系生长还在继续，茶苗越冬后，根系在次年春天可较早进入正常生长。但是在冬季干旱或冰冻严重的地区，以选在春初进行较好，这时温度低、雨水足，栽后浇水数量和次数都可减少。起苗时应注意避免伤害茶苗的根系，可以在根系处包裹大量的土壤，做到一边起苗一边种植，保证茶苗的存活率。

2.移栽技术

茶苗移栽前，先要在待种植的茶园内开好沟，沟深35 cm左右，施下底肥，然后选择无风的阴天起苗定植。实生苗的主根太长，可以剪短些；扦插苗在取苗前一天要浇湿圃地，以减少取根苗时伤根。从外地调运的茶苗，要注意包装与通气，并浇水提高其成活率。也可用黄泥浆沾茶根来提高茶苗的成活率。茶根在土中力求舒展，然后覆土踩紧，防止上紧下松，使泥土与茶根密切结合。移栽后若连续晴天，一般隔 3～5 天浇水一次，每次浇水要浇透，使根部土壤全部湿润。

3. 做好保苗、补苗工作

茶苗移栽后，一般长势较弱，根系浅，抗旱力差，因此要做好护苗工作。一般可采用铺草或浅耕来提高抗旱能力，以采用铺草防旱效果较好，比未铺草覆盖的茶园茶苗成活率提高 20% 以上。如果有缺苗的地方，应该及时补苗，必须是同龄茶苗，一般就地间苗补缺，或用"备用苗"补缺。补缺的方法和补后的管理，与移栽茶苗一样。

4. 及时防治病虫害

幼龄茶园由于苗木移栽前后生态环境改变，加上初期苗木生长势较弱，对病、虫的抵抗力不强，因此应加强病虫害防治。

四 田间管理

（一）茶树修剪

优质高产的茶树树冠必须有大的采摘面，理想的树冠覆盖度应大于 80%，叶面积指数为 4，枝叶繁茂，采摘面平整，叶片稠密，保持茶树间有 15～20 cm 的间隙，利于其通风透光，积累养分，从而提高茶叶产量。为获得这样的采摘面，茶树必须经过多次的修剪定型。当茶苗生长两年后，要在其离地 20～25 cm 处将树冠剪齐剪平，一年后在离地 30～40 cm 处剪齐，这两次修剪消除了茶苗的顶端优势，使茶苗的营养更多地供应在茶叶上，为茶园将来的成型打下基础。将茶树成龄后的高度控制在 70～80 cm，便于今后采摘工作的进行。成年茶树修剪分为轻修剪与深修剪两种情况。轻修剪一般是秋茶采摘停止到春茶萌动时进行，选择篱剪或修剪机剪掉茶树冠面上方 3 cm 的枝叶；深修剪通常 3～5 年实施一次，秋茶结束之后剪除茶树冠面上方 10 cm 左右的弱枝，同时剪掉一些病枝和枯枝。

（二）茶园耕作

每年的3月下旬、5月上旬、7月上旬和9月上旬都需要对茶园进行追肥和浅耕，耕作深度小于15 cm。在秋茶采收后进行一次耕作深度大于15 cm的深耕。深耕后在茶行间铺草，草上适当压土，起到保湿增温、提高土壤肥力的作用，还可以促进土壤内微生物的活动，加快物质的分解转化。

（三）茶园灌溉

茶树作为叶用经济作物，耗水量比较大，尤其是每年春季春芽萌发时，需要确保土壤的含水量为75%～90%。由于自然降水分配不均匀，不能完全满足茶树的生长需求，为保证茶树的健康生长，必须积极开展蓄水工作，在茶园内挖设沟渠，建立蓄水池，使雨水可以储存在茶园内，使种植户可以按照降雨量为茶园补水灌溉，从而保证春茶的产量。

（四）茶园施肥

1. 肥料种类

优质绿茶施肥过程中，应将有机肥、化肥搭配施用，有机肥能改善土壤结构，有利于提高土壤保肥、保墒能力，在早春增加地温。目前茶园中的有机肥主要是菜籽饼肥，氮含量高，其他养分元素含量丰富，是茶园秋冬季基肥的主要肥源。而所施化肥以尿素为主，辅以复合肥及部分茶叶专用肥，其特点是肥料见效快，但容易流失、挥发，利用率不高。在施用商品有机肥和化肥的同时，应注重茶园绿肥的种植施用，黑麦草、紫花苜蓿、满园花等在茶园种植都可以提高茶园的有机质含量，丰富茶园养分。

2. 肥料用量

茶叶生产是以收获其营养器官——新叶为目的，故茶树称为叶用植物。氮素是生命元素，更是茶叶品质元素。茶叶中主要功能成分氨基酸、咖啡因均为含氮化合物，特别是氨基酸，其含量高是众多名优绿茶共性之一，如高桥银峰、黄金茶等氨基酸含量均在4%以上。氮肥还是茶叶产量的决定性因素，因此在茶叶生产中要重视氮肥施用。茶园氮肥施用量应以单位面积茶叶产量为基础，如氮肥按干茶产量的4%以上，每亩产干茶200 kg，带走8 kg纯氮。在茶叶专用肥配方中，"以钾促氮，以磷促氮"效果明显。故施肥时有氮、磷、钾为 2∶1∶1 或 4∶1∶1 的配施比例，具体比例要根据不同土壤类型选取。四种主要土类适宜的氮、磷、钾施肥比例分别为：第四纪红壤和板页岩红壤 2∶1∶1，石灰岩红壤与花岗岩红壤 4∶1∶1。这种配方施肥技术不仅能保证氮、磷、钾比例科学，同时避免了施肥过多造成的养分浪费。

3. 施肥次数及时间

优质绿茶茶园施肥次数一般为三次，即秋冬季基肥、春茶前追肥、春茶后追肥（夏肥），其中春、夏、秋肥料比例为 4∶3∶3。茶园具体施肥时间和比例还应根据茶树树龄，春、夏、秋茶产量，产品特征施用。如春季以采名优绿茶为主的茶园应提高氮肥用量，重视秋肥和春肥施用，且春肥要提前到 2 月中下旬施用，方可达到最佳催芽效果。尽可能在雨季到来前施用有机肥，这样可以提高肥料利用效率。长江中下游茶区因茶树生长期长，基肥可在 9 月上旬至 10 月下旬施用，以有机肥作为基肥用时，一般采用沟施（沟深 10 ~ 20 cm）。

五 茶园病虫害防治

为增强茶树的抗病虫害能力，种植户可以用多样化的防治措施保证茶树的健康。比如：结合采茶、修剪、耕锄等方式清除或深埋结茧虫蛹，在虫害出现的初期及时摘除害虫卵块、护囊和群集虫枝，在茶园内点黑光灯或利用性诱剂诱杀成虫。在早春季节，人工捕杀害虫。为保证茶园内部生物的多样性，也可在园内放养蜘蛛、寄生蜂、食蚜蝇、瓢虫等益虫，实现以虫治虫，还可在害虫幼虫期喷洒白僵菌菌液、多角体病毒、青虫菌菌液等以菌治虫。

（一）茶饼病的防治

茶饼病是一种危害茶树嫩芽和嫩茎部的病害。发病初期，会在病发部位形成浅绿、浅黄或略带红色半径为 0.3 ~ 0.6 cm 的圆形或椭圆形透明斑。随着时间的推移，病斑逐渐凹陷，在患病处背面形成附有白色粉末的饼状病斑。茶饼病的预防方法是，保证茶园内干净无杂草，增施磷钾肥，增强茶树的长势，减少发病率。茶饼病发病后，种植户可以在采摘茶园喷施 20% 萎锈灵 1000 倍液保护茶树，非采摘茶园可以喷洒 0.7% 石灰半量式波尔多液进行治疗。

（二）茶云纹叶枯病的防治

茶云纹叶枯病主要危害茶树成叶和老叶。发病时，会在茶叶表面出现有云纹状轮纹的圆形病斑，颜色由黄褐色逐渐转为褐色最后由中央向外变为灰色，病叶上出现沿轮纹排列的灰黑色圆形小颗粒。预防方法为，每年深耕时将土壤表面的病叶深埋土中，防止第二年病菌的感染。染病后，采摘茶园可喷施75%百菌清800倍液或50%多菌灵1000倍液进行治疗，非采摘茶园可喷洒0.7%石灰半量式波尔多液进行治疗。

（三）地衣苔藓的防治

通常，阴湿衰老的茶园条件下，在树干上经常会附着大量的地衣苔藓，不仅影响茶树长势，还会为害虫越冬提供场所，最终降低茶叶产量。对此，种植户应当改善茶园小气候，适当间伐，合理疏枝，降低种植密度，使茶树可以通风透光，及时处理园内杂草，还可以利用人工方式去除树干上的地衣苔藓，如在树干上喷施乙蒜素、硫酸铜或涂抹10%～15%的石灰水、石碱水，冬季喷洒波尔多液，保证茶树健康。

六 抗寒、抗旱技术

优质绿茶生产过程中经常遇到寒、冻害，旱害等天气环境。特别是冬季的冻害和春季倒春寒，都严重影响到春季名优绿茶的产量和品质。而提高茶树抗性的栽培管理技术措施有：施足基肥，增施有机肥，提高冬季茶树体内积累的养分，增强茶树细胞膜稳定性，降低细胞质凝结温度，从而有效抵抗冬季冻害。夏秋干旱时节，为了避免茶树干旱应及时对茶园进行中耕除草，减少杂草与茶树争肥争水，减少土壤经毛细作用散失的水分，实现保墒抗旱。覆盖可有效减少蒸发、增大对太阳辐射的反射率，有保持土壤水分、降低土壤温度功效。同时在旱害时节，应尽量避免茶园进行轻修剪、机采以减少茶树冠层的创伤，避免旱害加重。

七　提早春茶萌发的技术

（一）茶园覆盖增（地）温、保墒

稻草、山青或绿肥，能明显提高土壤有机质含量，降低土壤容重，改善土壤结构，增加全氮、水解氮的含量和钾的活性。在秋冬季覆盖能减轻秋旱和冬旱，有利于保温，并可减轻冬季寒、冻对茶树的危害，有利于提早春茶萌发及改善采摘关键时期（4—6 月）的供水状况。

（二）合理施用叶面肥、生长调节剂

早春时节茶园土温回升慢，茶树根系活力不强，吸收养分有限，可以通过叶面喷施肥料的方法达到提早春茶萌发的目的。可喷施的叶面肥有：尿素（1% ~ 2%），硫酸铵（0.5% ~ 1%），磷酸二氢钾（0.5% ~ 1%），硫酸钾（0.5% ~ 1%）。在喷施上述叶面肥的同时可辅以硼、锌、镁微量元素促进茶树生长，提高茶叶产量和品质。施用生长调节剂也是提早春茶萌发的措施之一，如喷施"茶树一喷早"能使春茶提早 10 天左右萌发，对春季名优茶增产明显，可提产 15% 左右。施用"茶树一喷早"要注意时间，一般在 1 月中旬至 2 月中旬，纬度较高、海拔高的茶区可适当推迟。近年来，不少茶园施用"爱多收"，在稀释 9000 倍喷施后能促进新梢生长，提高百芽重，提高春茶产量，另外"喷施宝"、氨基酸叶面肥等也可在茶树上应用。

八　夏秋茶品质改善技术

（一）遮阴覆盖

夏茶由于茶多酚、花青素等含量增加、氨基酸含量降低，茶叶酚氨比值高，苦涩味浓，鲜爽度不足，品质较差，究其原因主要为夏季高温所致。而茶叶生产中可通过覆盖一层遮阴网的方法降低茶叶中茶多酚、花青素等物质的含量，增加氨基酸含量，达到提高夏秋茶品质的目的。

（二）喷灌增湿降温

茶园喷灌不仅能缓解土壤、大气的干旱，还可减少树冠的焦叶，增加茶园叶面积数，提高光合效率，以利于绿茶产量的提高和良好品质的形成。在 7、8

月高温干旱季节进行田间喷灌，可降低地表温度 2 ~ 4.8℃，树冠叶温降低 2℃，地上 50 cm 高处大气温度降低 6℃，从而增加茶叶中氨基酸含量，提高茶叶品质，并可使茶叶增产 21% ~ 31.5%。

九 茶叶采收

根据制茶需求，一般采一芽二叶、一芽三叶及对夹叶，以采高留低、采主留侧的方式进行采摘。

（一）名优绿茶早采技术

大宗优质绿茶主要以春茶为原料，采用手工采摘时，春茶新梢有 10% ~ 15% 达到采摘标准时，开始采摘。为了多产高档名优茶，采摘的关键是春茶开园早。当蓬面萌发的芽叶有 5% 左右符合采摘标准时即应开园采摘，以后分批勤采。标准芽叶在新梢总数中所占比例达 80% 左右时，是机采茶园春茶的采摘适期，所占比例达 60% 时是机采茶园夏茶的采摘适期。

绿茶种植　图 / 熊恒多

（二）采、蓄结合技术

为了降低因采摘新叶后茶树光合面积减少，光合作用产物不足的影响，优质绿茶采摘时不应采光茶树上的新叶，而应适当留叶采摘，即采摘时按所定标准采，超过标准的新叶留在树上。如果将新发叶片采光，即使再增施肥料，其产量增加部分也只有适当留一部分新叶（分批多留叶采摘）茶园的1/3，故按标准分批多次采摘是茶园高产、稳产的关键。长期进行机采的茶树的叶层厚度会变薄，而留蓄秋梢有助于增加叶层厚度，加强茶树的光合作用。春梢萌发期随秋梢蓄量的增加而推迟，留蓄秋梢对新梢密度、单芽重和新梢长度都有影响。可适当降低新梢密度，改变鲜叶组成结构。可推迟春茶萌发，调节春茶生产的洪峰期，提高机采茶园产量。

第二节　安吉白茶栽植技术

安吉白茶原产于浙江安吉，是由安吉白叶 1 号茶树鲜叶按照绿茶加工工艺加工而来，是我国名优绿茶品种和比较珍稀的茶树种质资源。安吉白叶 1 号属于低温敏感型"白化"茶树品种，茶叶外形挺直略扁，形如兰蕙；色泽翠绿，白毫显露；叶芽如金镶碧鞘，内裹银箭。同时具有茶氨酸含量高、滋味鲜爽等特点。湖北茶产区具备优良的生态环境，能够满足安吉白茶所需的环境条件。通过采取移栽定植、树冠管理、施肥管理、病虫害防治等科学的田间种植管理技术，湖北茶产区也能够生产出品质优异的安吉白茶。

安吉白茶种植　图 / 熊恒多

一　栽植时期

茶树宜在 10 月下旬至 11 月下旬或 2 月中旬至 3 月中旬定植。

二　栽植密度

采用单行条植方式种植。单行条植行距 1.5 m 左右、丛（株）距 33 cm，每穴（丛）种茶苗 2 株，每亩苗数 3000～3500 株。

三　栽植施肥

茶树种植前应施足底肥，以有机肥为主。底肥深度 30 ~ 40 cm，种植茶苗根系离底肥 10 cm 以上。

四　树冠管理

根据茶树的树龄、长势和修剪目的，分别采用定型修剪、轻修剪、深修剪、重修剪和台刈等方法，培养优化型树冠，复壮树势。

（一）定型修剪

幼龄茶园或改造衰老茶园，定型修剪一般分 3 次完成，第一次在茶苗移栽定植时进行，剪口离地 15 ~ 20 cm；第二次在定植一年后的春茶采摘后进行，在第一次剪口上提高 10 ~ 12 cm；第三次在定植 2 年后的春茶后进行，在前次剪口基础上提高 10 ~ 15 cm。

（二）深修剪

成年茶园定期采用深修剪进行冠面调整，维持生产力。深修剪每年进行 1 次，时间宜在春茶后（4 月底至 5 月上旬）进行，离地 40 ~ 55 cm 修剪。

（三）重修剪和台刈

衰老茶园宜采用重修剪或台刈，进行树冠再造，复壮树势，时间宜在春茶后及时进行。重修剪和台刈改造前宜增施有机肥和磷肥，剪后及时追肥，改造后树体宜喷施 0.6% ~ 0.7% 石灰半量式波尔多液，防治苔藓和剪口病菌感染等。

五　耕作与控草

合理采用浅耕、中耕、深耕和免耕等耕作技术。浅耕深度宜 5 ~ 10 cm，中耕深度宜 10 ~ 15 cm，深耕深度宜 20 ~ 30 cm。茶园控草宜采用防草布覆盖抑草、机械除草或人工除草等方法。

六 病虫害防治

（一）物理防治

每 15 ~ 20 亩茶园安装 1 盏窄波 LED 杀虫灯，诱杀茶园主要害虫。每年 3—10 月开灯。茶小绿叶蝉、黑刺粉虱成虫高发期，每亩悬挂 25 ~ 30 张天敌友好型双色色板进行防治，悬挂高度为茶树蓬面上方 10 ~ 20 cm，并根据害虫数量及时更换或回收色板。

（二）生物防治

（1）保护和利用茶园中的草蛉、瓢虫、蜘蛛、捕食螨等天敌防治虫害。每亩释放茶尺蠖绒茧蜂 1 万头以上，用以寄生或捕食尺蠖；每亩释放叶蝉三棒缨小蜂 2.5 万头以上，用以寄生小绿叶蝉的虫卵；每亩释放德氏钝绥螨或黄瓜钝绥螨 30 万头以上，用以捕食螨类。

（2）使用生物源农药进行害虫防治。防治茶小绿叶蝉，使用天然除虫菊素、印楝素、茶皂素等；防治茶尺蠖，使用茶尺蠖多角体病毒制剂、短稳杆菌等；防治害螨，使用矿物油等。在冬季使用石硫合剂或矿物油进行封园。

（3）采用信息素诱捕器诱杀茶尺蠖成虫，3 月中旬每亩安置 2 ~ 4 套茶尺蠖诱芯，并根据虫情及时更换或回收诱捕器。

七 施肥

（一）基肥

基肥施用时间为 9 月下旬至 10 月下旬，与茶园秋冬管护一并进行。每亩施饼肥 150 ~ 200 kg 或施堆肥、厩肥等通过无害化处理的农家肥 1000 ~ 1500 kg。茶园施肥应在树冠外缘垂直下方，施肥后及时盖土。对梯级茶园应在梯田的内侧开沟施肥。

（二）追肥

追肥一般每年施 2 次，可根据茶树长势和采茶次数适当调整施肥量和施肥次数。第一次追肥在春茶前施催芽肥，一般在 2 月下旬至 3 月上旬。第二次追肥在春茶结束修剪后，结合浅耕除草施肥，一般在 5 月中下旬至 6 月上旬。追肥每亩每次施复合肥 10 ~ 15 kg，于茶树冠外叶缘下垂处开宽 20 cm × 深 10 cm 的施肥沟进行沟施，施肥后及时覆土。

八 生态套种

生态茶园应建立生物栖息地，保护基因多样性、物种多样性和生态系统多样性。茶园行间宜间作相思、合欢、黄豆树、刺桐、板栗、樱桃、柿树等经济林木作为遮阴树。间作树的分枝高度应控制在 2 m 以上，在主杆不同方向的高度留侧枝和分枝，并合理分布，遮光度应控制在 20% ~ 40%。茶园周边适当种植圆叶决明、油菜等绿肥植物和薰衣草、迷迭香、罗勒、紫苏等芳香植物。

第三节 柑橘新品种（红美人）栽培技术

柑橘（*Citrus reticulata* Blanco.）是芸香科柑橘属植物,性喜温暖湿润气候,耐寒性较柚、酸橙、甜橙稍强。红美人是早熟杂柑良种,果实呈圆球形,浓橙红色,果皮光滑,肉质细软、嫩滑,糖度高,降酸早,香味浓。露天栽培一般11月中旬上市,可溶性固形物含量12%以上;设施栽培12月中旬上市,可溶性固形物含量13%以上,酸度0.8%左右,品质极佳。目前在武汉地区乃至湖北省发展得较好。

柑橘生长需要相应的立地条件,比如肥沃的土壤、适宜的温度、充足的光照,具体条件如下。

（1）土壤。土壤条件优劣不仅关系到柑橘的产量,也直接影响到果实的品质。柑橘对土壤的适应性较广,但要获得高产优质,则要求在pH值5.5～7（壤土或沙壤土）,质地良好,疏松肥沃,有机质含量1%以上,可耕土层达60 cm以上,地下水位1 m以下的地方栽培。

（2）温度。柑橘属亚热带常绿果树,好温喜湿,喜漫射光,畏寒冷。温度是柑橘分布与生长发育的决定因素。柑橘主产区、经济栽培区年均温为5～22℃,冷月（1—2月）均温≥4℃,冬季极端最低温必须在-5℃以上,≥10℃年积温5000℃以上。柑橘生长发育要求12.5～37℃的温度,温度过低,会抑制苗木的生长,使其处于休眠状态。温度过高,则易造成枝条的徒长,消耗过多的养分,打乱平衡生长。秋季的花芽分化期要求昼夜温度分别为20℃左右和10℃左右,根系生长的土温与地上部大致相同。

（3）光照。光照是植物进行光合作用的能源。柑橘虽然是喜光植物,可是比一般落叶果树更耐阴,生长期间有较多的散射光就能满足其生长需要。一般年日照时数≥1200小时,无霜期250～300天的地区均能正常生长。

由于红美人柑橘露天栽培易出现产前落果、霜冻灾害、严重日灼、黑点病频发等问题,因此设施栽培已在红美人种植中广泛应用。但是对比露天栽培,红美人设施栽培对温度、光照、水分、肥料控制较为困难,所以,需要在园地选择、大棚搭建、覆膜与揭膜、温度调控、水分管理、修剪抹梢、疏花疏果、病虫防控、采收时间等方面注意调控。

一　园地选择

宜选择坡向东南，日照时间长，土层中厚，排水性良好的地块种植。霜冻严重地区需选择背靠大山体、有明显逆温层、能避开风口的缓坡地。土壤 pH 值 6.5～7。不在排水不良、易积水的洼地种植，如种植需开 60 cm 以上深沟，并建立强排系统，以保证根系正常生长。种植土壤以深厚的黄壤土或沙壤土为宜，土层厚度大于 60 cm，需有充足的灌溉水源。

二　大棚搭建

宜选择全钢管连栋大棚，立杆采用热镀锌方管加水泥支柱，水平杆和棚顶采用热镀锌钢管，大棚顶高 4.2～4.5 m 为宜，肩壁高 2.5～2.8 m 为宜，棚顶膜需与树冠顶部间距 1 m 以上。大棚拱距以 6 m 为宜，特别是在冬季有雪地区谨慎使用 8 m 以上拱距，以防大雪压塌。由于红美人设施栽培夏季不盖膜，冬季盖膜，所以大棚结构侧重于抵御冬、春季节的大雪与强风。

三　覆膜与揭膜

武汉地区覆膜时间宜选择 10 月中下旬，起到控水增糖的作用。前期覆膜仅覆盖顶膜，侧面使用防虫网，12 月进入冻害多发期后可根据气象预报适时进行全覆盖。全覆盖后如遇严重低温冻害，冻害过后需及时去除侧膜或者加盖遮阳网，以防冻害后棚内急剧升温造成树体二次伤害。全揭膜时间根据梅雨时间进行调整，原则上出梅后全揭膜。全揭膜后建议采用防虫网覆盖，一方面可防止吸果夜蛾等虫害，另一方面可防止风伤果与日灼果的产生。

四　温度调控

棚内在采果后到露白期，可通过薄膜覆盖提高温度、增加积温，促进红美人提早萌芽、开花。冬春季节，若遇 −3℃ 以下极端低温或 0℃ 以下连续低温天

气，需使用加温设备提高棚内温度到0℃以上。在开花期到幼果期，通过揭开顶膜的方式控制棚内高温，使白天棚内最高温度控制在30℃以内，特别是开花期需严格防止高温高湿，以防发生高顶果及花腐病。在幼果期到转色期提高温度，以促进柑橘幼果膨大、夏梢萌发。在转色期到采收期提高温差，以促进柑橘果实着色及糖分积累，提高果实外观及内在品质。

五 水分管理

结合柑橘肥水需求规律，定期浇水补肥。大棚栽培由于没有天然雨水供应，在生长期需保持充足的水分供应，用水量明显大于露天栽培，温度高时一般3～5天需人工灌水。在成熟期需根据土壤类型与采收时间确立不同的水分管理方式。保水性好的果园上市前一个半月进行控水，保水性差的沙壤果园上市前一个月进行控水，进入控水期后严格控制水分，仅在树况有所缺水，叶片卷曲时地表喷水，以5～10 cm表土湿润为主。严禁大水漫灌或者树冠喷灌，以防止品质下降及落果。

六 春季修剪

春季修剪整体上以疏删、短截、回缩为主，其中春梢修剪以疏删为主，操作上去除少叶、细弱、密集的春梢枝条，保留强壮的春梢枝，主要目的是减少红美人总花量，维持树势平衡。夏秋梢修剪以短截、回缩为主，操作上需根据树体情况，适当短截秋梢或者回缩到夏梢节点，主要目的是培育有叶结果母枝，增加红美人叶果比，提升整体品质与维持树势。

七 抹梢摘心

当年抽生的簇状春梢枝，需抹弱留强，每梢根据枝梢空间选留2～3枝为宜。无花春梢抽生后需留7～8叶摘心，以促进叶片肥大转绿，从而萌发强壮夏梢，而有花春梢过多的枝组则选择一部分抹除有叶花，以培育一批第二年开花的营养枝组。夏梢根据树体情况按比例进行保留，留8～10叶摘心。秋梢根据萌发时间，早秋梢予以保留，迟秋梢可在当年或第二年春季修剪抹除。

八　疏花、疏果

红美人开花性能极强，幼年树在树冠未达到高 1.5 m 以上前，需结合春季修剪和人工抹花进行全面疏花管理，以促进树冠扩大。结果树无论树势强弱均需合理疏花，树势弱的以培育树势为主，树势强的以减少无叶花、增加有叶花为主。疏果从第二次生理落果结束开始，首先疏除朝天果、粗蒂果、畸形果，再疏除日灼果、风伤果、病虫果。盛产树结果量按叶、果比 80∶1 进行控制，以防树势衰败。

九　提质增效

通过增施有机肥，改良土壤结构，提高土壤有机质含量，提高果实品质。同时，果实成熟前，地面覆膜控水，提高果实含糖量。

十　病虫防控

红美人相对于普通温州蜜柑，抗性较弱，易发生黄斑病、灰霉病、溃疡病、油斑病、炭疽病、褐腐病、黑点病、煤烟病、吸果夜蛾、粉虱、红蜘蛛等病虫害，特别是春梢期的黄斑病、梅雨期的黑点病、大风后的溃疡病、花期的灰霉病等均需重点防控。山地栽培吸果夜蛾危害极为严重，进入转色期就需重点防控；设施栽培红蜘蛛危害明显重于露天栽培，需合理交替用药防控。在农业防治方面，一是在冬季清园喷药消灭越冬成虫，减少春季的虫口；二是加强肥水管理，使柑橘树生长壮旺，控制新梢整齐抽出，利于统一喷药。在药物防治方面，用于防治柑橘病虫害的药物很多，如可用 5% 阿维菌素 5000 倍和 24% 螺螨酯悬浮剂 3000 倍防治红蜘蛛，20% 甲氰菊酯 2000 倍和 20% 噻虫胺 2000 倍防治粉虱，15% 唑虫酰胺 1500 倍和 5% 甲维盐 3000 倍防治蓟马，10% 吡虫啉可湿性粉剂 2500 ~ 3000 倍液防治蚜虫；可选用 77% 可杀得可湿性粉剂 600 倍液、80% 超邦生 800 倍液、10% 世高水分散颗粒剂 6000 ~ 7000 倍液、50% 加瑞农能湿性粉剂 800 倍液等防治疮痂病、溃疡病等。

十一 采收管理

设施完熟栽培比普通露天栽培采收期延后 30 天以上，一般采收期在 12 月上旬到次年 2 月。采收时根据果实大小、色泽、位置确定采收先后顺序，选择果实大、色泽艳、外膛果优先采收，小果、内膛果留树完熟到次年 1—2 月采收，可明显提升品质。

原则上不建议整株树留果到次年 1—2 月采收，因为这样易发生树势衰弱、大小年等现象，严重时会出现隔年结果的情况。

红美人　图/乐有章

第四节　猕猴桃栽培技术

猕猴桃（*Actinidia chinensis* Planch.），又名毛梨、藤梨、羊桃、奇异果等，为猕猴桃科猕猴桃属木质藤本植物。成熟后的猕猴桃果实柔软多汁、口感酸甜、清香爽口，具有香蕉、草莓和菠萝的混合香味。猕猴桃果肉中含有丰富的维持人体健康的营养物质和功能因子。中医认为，猕猴桃果味甘、酸，性寒，具有消渴解热、理气通淋、润中利尿、祛风利湿等功能，是独特的营养保健果品。大量科学研究和临床试验表明，猕猴桃在提高机体免疫功能、耐缺氧、保肝护肝、清热润燥、预防心血管疾病、缓解紧张疲劳、减肥健美、促进胎儿发育等方面发挥着积极作用。

一　优选建园基地

猕猴桃适宜生长于半阴环境，喜漫射光，忌强光直射。早期生长需雨量充沛，年降雨量 1000 mm 以上；果实膨大后雨量减少有利于干物质积累，大面积规模化种植必须事先安装好灌溉设施。猕猴桃适宜的年平均气温为 11.3 ~ 19.6℃，高温在 30℃左右时仍可正常生长；春季萌芽期气温低于 1℃时，抽生的枝、叶、花易受冻害。湖北省是世界猕猴桃产业的起源地，具有发展猕猴桃产业的独特优势，在海拔 1200 m 以下的山地、丘陵岗地和平原均可发展种植。

猕猴桃建园应选在大气、土壤、水质均无污染的地域，土层深厚肥沃（70 cm 以上）、有机质含量高、pH 值 5.5 ~ 7.5、土质疏松的微酸性沙质轻壤土最佳。地下水的水位在 1 m 以下，排灌方便，交通运输条件较好，斜坡的坡度在 25°以下的区域建园更有利于产业发展。积水洼地、山谷河谷等风口、北坡山地不宜建园。

二　猕猴桃的栽植

目前，猕猴桃种类越来越多，应尽可能地选择品质优良、容易保存、耐储

运、抗逆性强的品种。猕猴桃为雌雄异株，需合理选择授粉品种和搭配雌雄比例。一般要求雌雄比例为8∶1或5∶1，宽行机械化操作的可采用2∶1。雌雄搭配时要保证花期相遇，雄花花期覆盖雌花花期最佳。

猕猴桃适宜在晚秋或早春进行栽植，采用高垄（高出地面20～30 cm）栽植，定植穴1 m见方，深50～60 cm。栽植密度4 m×3 m，栽时充分混入表土、杂草、落叶。根际每株施有机肥75～100 kg和过磷酸钙1 kg，踩实，及时灌透水。

猕猴桃种植　图／熊恒多

三 肥水管理

施肥应根据猕猴桃不同生长时期对肥料的需求进行，科学合理地安排施肥时间、方法、肥料种类，坚持"有机肥为主，化肥为辅；根施为主，叶施为辅"的原则。基肥以有机肥为主，于每年 10 月下旬到 11 月下旬施入，并灌足水。追肥每年 3 次，第一阶段为萌芽前肥，通常在 3 月上旬施用，肥料主要是氮肥，与此同时灌水；第二阶段，坐果肥，花朵凋谢后大约 7 天施用，以三元复合肥为主；第三阶段，壮果肥，速效性磷钾肥施肥时间为 7 月下旬到 8 月上旬，施肥期间，合理控制氮肥施用量。猕猴桃根系属肉质根系，不耐旱，也不耐涝，施肥后及时浇水，有利于肥料吸收。浇水要适当，做到树盘潮湿而不积水，生长期土壤湿度保持在田间最大持水量的 70% ~ 80%。在地面干旱时，要中耕、除草保墒，根据墒情，及时进行灌水，不能旱，也不要浇水过多，以地面湿润为准，在高温季节要适当遮阴。

四 修剪

猕猴桃整形采用一干两蔓树形，主干向上生长至平棚架面下 20 cm 处，沿种植行方向分生两根侧枝作为主蔓，主蔓上间隔 25 ~ 30 cm 交替向两侧培养侧蔓作为结果母枝，轮换更新，短枝结果。猕猴桃雌株修剪以冬剪为主，关键是要把握正确的修剪时间，一般在 12 月至次年 1 月。选留结果母枝基部靠近主蔓的粗壮营养枝或结果枝作为下年结果母枝，其余部分剪去；疏除病虫枝、细弱枝、徒长枝等。生长季节修剪主要以疏枝、抹芽、摘心为主，去掉过旺过密枝条和萌蘖，主要是为了调节猕猴桃枝梢的长势和枝蔓量，避免养分浪费，改善果园通风透光性能。雄株在开花后及时修剪，以免耗费营养。

五 疏花、疏果

猕猴桃花量较大，在环境条件适宜的情况下坐果率可达到 90% 以上，且基本没有生理落果。为了保证猕猴桃树体的生长势，保证猕猴桃丰产、稳产以及果实品质，疏花、疏果很有必要。疏花主要是疏去结果枝基部和顶端的弱芽，以及同一花序上发育不良的花芽。疏果时保留中部果、大果，摘掉小果、畸形

果、伤果、病虫果等。1个叶腋间有1个果，要疏两边留中间的果实。疏果早时要多留20%左右，待20~30天后再全部疏去多余的果。一般情况下，短缩状果枝及短果枝留1个果，中果枝留1~2个果，长果枝留2~3个果即可。

六 病虫害防治

主要食叶害虫有金龟子、蝗虫、豆天蛾；地下害虫有蛴螬、蝼蛄；枝干害虫有透翅蛾、斑衣蜡蝉等。可采用深翻、中耕除草、灯光诱杀等物理方法进行防治。

猕猴桃的主要病害是细菌性花腐病及溃疡病，以预防为主。预防溃疡病在萌芽前可喷施3~5°Bé的石硫合剂，3月、4月喷洒0.3~0.5°Bé的石硫合剂；预防细菌性花腐病可喷洒100~150 mg/L的农用链霉素。

七 猕猴桃架式栽培模式

猕猴桃为多年生藤本植物，需采用架式栽培。目前，在湖北省种植猕猴桃的棚架模式主要分为三种。

1. 平棚架模式

目前应用最多，适用于平地或缓坡地规模化连片种植。该模式是在整片大棚架四周的立柱顶端用钢管连接，大棚顶面使用镀锌钢丝呈"井"字形分布连接，丝线间距约50 cm，分布均匀，整个园区的立架连成一个整体，棚架边缘用地锚固定。平棚架结构稳定，抗风性强，采光效果好。但建园难度较大，且夏季生长旺盛会造成棚架下方荫蔽，影响通风透光，从而滋生病虫害。

2. "T"形架

适用于山坡地、丘陵和梯田。该模式结构与平棚架类似，区别在于"T"形架不需要将整个园区连成片，而是在每根钢管立柱或者水泥柱上部安装与栽植行垂直的横梁，立梁横梁间固定钢丝，形成"T"形小棚架面。"T"形架的优点在于建园难度较小，通风透光性好，病虫害少，易于昆虫传粉，同时果园管理作业简单，修剪方便，缺点则是固定用的角钢材料较贵，增加了建园成本。

3. 超矮化 "V" 形架

包括若干根纵向分布且垂直地面的纵向支撑杆和与纵向支撑杆一一对应的横向支撑杆,横向支撑杆的中部与纵向支撑杆的上端固定相连。"V" 形架结构包括与横向支撑杆一一对应的拉杆,拉杆与横向支撑杆平行,拉杆的中部与纵向支撑杆离地 1 ~ 1.1 m 处固定相连,各纵向支撑杆之间离地 0.3 ~ 0.4 m 处牵引有主枝拉线,各拉杆的两个同侧端分别牵引有子拉线;各横向支撑杆之间牵引有与纵向拉杆垂直的顶部拉线。超矮化 "V" 形架栽培模式的优点在于可使幼年园提早一年结果,光合作用面积大,劳动强度较低。

此外,近两年在平棚架模式的基础上引进了高枝牵引栽培模式,应用效果较好。高枝牵引栽培模式能根据猕猴桃枝蔓逆时针缠绕的生长特性,人为的引导猕猴桃生长发育,并合理地进行枝条管理。与传统的几种模式相比,高枝牵引具有以下几个明显的优势:一是枝蔓会顺着牵引绳生长,且无弯曲,园区内的美观度大大提高;二是减少了修剪、抹芽等工作,劳动成本降低,实现 "傻瓜式" 修剪;三是枝条的生长点一直维持在最顶端,不会损失来年挂果的芽口;四是通风透光性好,降低病虫害发生的概率。

近几年,猕猴桃生产从高产量逐渐转变为高品质,果实品质可以通过疏花、疏果等方法控制,因此控产可以缩小不同棚架模式导致的果实品质差异。平棚架和高枝牵引两种模式相结合具有成本低、操作简便等特点,适合在武汉地区推广。

第五节　草莓栽培技术

草莓（*Fragaria × ananassa* Duch.）又叫红莓、杨莓、地莓等，是蔷薇科草莓属植物的泛称，全世界有 50 多种，原产于欧洲，20 世纪传入我国。草莓系多年生草本植物，其果实由花托发育为肉质聚合果，这与一般水果由子房发育而来不同。草莓的外观呈心形，鲜美红嫩，果肉多汁，酸甜可口，香味浓郁，不仅有色彩，还有一般水果所没有的怡人芳香，是水果中难得的色、香、味俱佳者，因此常被人们誉为"果中皇后"。

草莓营养丰富，含有果糖、蔗糖、柠檬酸、苹果酸、水杨酸、氨基酸，以及钙、磷、铁等矿物质。此外，它还含有多种维生素，尤其是维生素 C 含量非常丰富，每 100 g 草莓中就含有 60 mg 维生素 C。草莓中所含的胡萝卜素是合成维生素 A 的重要物质，具有明目养肝的作用。草莓还含有果胶和丰富的膳食纤维，可以帮助消化。草莓的营养成分容易被人体消化、吸收，多吃也不会受凉或上火，是老少皆宜的健康食品。

一　整地定植

7—8 月，前茬作物采收后及时清棚，深耕土壤，棚内灌透威百亩药液，闷棚高温消毒。8 月底整地做畦起垄，每亩撒施 10 ~ 15 kg 三元复合肥、50 ~ 100 kg 饼肥、30 ~ 50 kg 生物菌肥作基肥，垄底宽 50 ~ 60 cm、垄面宽 30 ~ 40 cm、垄沟宽 30 ~ 35 cm、垄高 30 ~ 40 cm、垄间距 80 ~ 100 cm。选择生长健壮的种苗，按照定植株距 20 ~ 25 cm（亩定植密度 6000 ~ 8000 株）双行交叉定植。定植深度以"深不埋心，浅不露根"为宜，将弓背朝向垄外沟内定植。

二　水肥管理

视天气、土壤含水情况进行灌溉。定植后 7 ~ 10 天，每天早晚喷灌一次，促进缓苗。缓苗成活后，追施一次氨基酸水溶肥，促进根系生长和花芽分化。现蕾期，亩施三元复合肥 10 ~ 15 kg。采果期，视植株状态，每隔 15 ~ 25 天每亩交替施一次高钾复合肥或平衡复合肥 5 ~ 10 kg，并喷施 0.2% 磷酸二氢钾和 0.3% 硼砂叶面肥，共施 3 ~ 4 次。

三　覆膜扣棚

开花现蕾期，及时对垄面覆盖地膜。当外界气温降到 15℃ 以下时，在棚内搭建小拱棚。夜温低于 8℃ 时，傍晚放下外膜扣棚；夜温低于 0℃ 时，傍晚放下外膜和内膜扣棚，以防草莓遭受低温冷害、冻害。

四　蜜蜂授粉

在整个花期，应采用蜜蜂促进授粉，现在多采用熊蜂授粉。授粉期间棚内白天温度保持在 20 ~ 25℃。

五　病虫害防治

草莓种植期间，重点防治根腐病、炭疽病、白粉病、灰霉病、蚜虫、红蜘蛛等病虫害。采用 30% 甲霜恶霉灵 1500 倍液或 6.25% 精甲咯菌腈悬浮 1500 倍液防治根腐病，25% 嘧菌酯 1500 倍液或 10% 苯醚甲环唑 1500 倍液防治炭疽病，20% 吡唑嘧菌酯 1200 倍液或 25% 乙嘧吩 750 倍液或 12.5% 四氟醚唑 2000 倍液喷雾防治白粉病，10% 吡虫啉 2000 倍液或 22% 氟啶虫胺腈 5000 倍液喷雾防治蚜虫，43% 联苯肼酯 1500 倍液或 24% 螺螨酯 5000 倍液喷雾防治红蜘蛛。

六　适时采收

钢架大棚草莓果实以鲜食为主，必须在 70% 以上果面呈红色时方可采收。冬季和早春温度低，要在果实八九成熟时采收。早春过后温度回升，采收期可适当提前。采摘应在上午 8—10 时或下午 4—6 时进行。不摘露水果和晒热果，以免腐烂变质。采摘时要轻拿、轻摘、轻放，不要损伤花萼，同时要分级套袋包装。

草莓种植　图／熊恒多

每年草莓大量上市期间，一些媒体声称其从育苗到采摘全过程需要施用多种农药，甚至包括兽用抗生素，故而认为草莓不能吃。这些谣言不断传播，引起公众关注，也引发了大家的担心。

Q 自然生长的草莓上的籽是鼓出来的，而经常打药的草莓每颗籽是凹下去的，凹得越深证明打药次数越多。草莓上种子的形态与经常打药有关？

A 这个说法完全是错误的。草莓的籽在果实表面的位置其实就是草莓品种的一种外部特性，有的草莓品种籽是凸出表面的（如越秀），而有的品种籽是凹下去的（如越心），这与是否打药或打药次数多少没有丝毫关系。

Q 有传言很多农户给草莓打兽用抗生素，以提高草莓的抗性，但究竟是提高抗病性还是抗药性没说清楚。青霉素钾等兽用抗生素能提高草莓抗性吗？

A 这些说法都是错误的。兽用抗生素常用于防治由细菌侵害引起的动物疾病，如青霉素钾可用于防治呼吸系统感染、猪丹毒等。但草莓生产中发生的重要病害多为真菌性病害，使用防细菌的抗生素来防真菌，根本就没用，更不用说提高抗病性了，也不可能提高抗药性。即使草莓发生一种叫"空心病"的细菌性病害，也可用噻唑锌等能杀细菌的农药加以防治，但不能使用青霉素钾等抗生素，因为我国早已规定抗生素不得作为农药施用于农作物。

Ⓠ 有传言草莓苗移栽之前，很多农户都会打除草剂（如百草枯）清除杂草，这叫封地。这种做法对吗？

Ⓐ 在草莓苗移栽前使用除草剂除草封地，能使草莓苗定植后免除杂草危害，远比人工除草高效，并节省成本，因此实际生产中丁草胺等封闭除草剂使用较多。

然而实际上，目前只有甜菜安和甜菜宁两种除草剂茎叶喷雾已取得国家农药登记，而丁草胺等其他除草剂在草莓种植上均未得到允许使用，特别是百草枯除草剂已在我国禁用。

目前，草莓生产提倡清洁栽培，种植户大多采用地膜覆盖来抑制杂草，同时防止草莓接触土壤引发污染，确保草莓质量安全。专家建议，如果发现有种植户使用百草枯等禁用农药的行为，一定要向执法部门举报，并提供相关线索。

Ⓠ 有传言很多农户种植草莓时要打各种药防治根腐病，还要打各种杀虫剂，毒性非常高。种植草莓要打很多次农药吗？并且还是高毒农药？

Ⓐ 草莓生长期间常遭到 20 多种主要病虫害的危害，造成死苗、减产甚至绝产等严重后果，尽管生物防治、物理防治是防治这些病虫害的首选，但草莓使用农药也是正常现象。目前我国在草莓种植上允许使用的农药有 132 种，涉及有效成分 58 种、生产厂家 90 家和剂型 14 种，这些农药都是通过科学试验证明其药效和安全性后才得以批准使用的，只要按标准或标签说明使用，就不存在安全问题。这就好比一个人如果生病了就需要吃药，只要你按医嘱或标签说明吃药就不用担心，两者是一个道理。

由于草莓在种植过程中会同时发生多种病虫害，而不同病虫害需要使用不同农药来防治，因此将两三种农药混合一起施用也是正常现象，但有传言"草莓至少需要打 8 ~ 10 遍药，每次打药最少有六七种"的现象应该是不多的。实际上，草莓用药主要在育苗期，开花后很少用药，因为大棚里有用于授粉的蜜蜂，一旦用药不当，容易对蜜蜂产生伤害，

得不偿失。

　　近年来随着我国加大力度严厉打击食品安全违法行为，草莓等水果上使用高毒农药的现象已杜绝。我国《农药管理条例》中早已规定，严禁在果蔬、茶叶、菌类、中草药材上使用剧毒和高毒农药。如果有人偷偷摸摸违禁使用高毒或剧毒农药，一经查实，将受到严厉处罚，甚至依法追究刑事责任。

第六节 西甜瓜栽培技术

西甜瓜为西瓜和甜瓜的总称。

西瓜 [*Citrullus lanatus* (Thunb.) Matsum. et Nakai] 为葫芦科西瓜属一年生蔓生藤本植物。西瓜清爽解渴、味甜多汁，可降温祛暑。种子含油，可作休闲食品；果皮可药用，有清热、利尿、降血压之功效。西瓜于唐朝中晚期开始由西域传入我国，"西瓜"这个词最早可追溯到五代时期胡峤所著的《陷虏记》一书，到南宋时期，我国开始大规模种植西瓜。

甜瓜（*Cucumis melo* L.）为葫芦科甜瓜属中幼果无刺的栽培种，一年生蔓生草本植物，别名香瓜、哈密瓜。甜瓜果实营养丰富，香甜可口，是受人喜爱的夏季消暑水果，全草可药用，有祛炎败毒、催吐、除湿、退黄疸等功效。甜瓜在我国有着 3000 多年的栽种历史，《诗经·小雅·信南山》中就有"中田有庐，疆场有瓜"这类描述甜瓜的诗句。

据联合国粮食及农业组织（FAO）统计，截至 2019 年，全球西瓜产量为10041.49 万 t，我国西瓜产量为 6086.12 万 t，占全球西瓜产量的 60.61%，是全球最大的西瓜生产国和消费国。我国甜瓜产量占全球甜瓜产量的 49.24%，长期稳居全球第一。2018 年，我国平均每人吃掉了 37.27 kg 的西瓜，是真"吃瓜群众"。西瓜、甜瓜不仅是夏季消暑水果，春季和秋冬季亦供需两旺。因生产适应性强、栽培周期短、市场需求量大、增收效果显著等特点也使其成为我国重要的经济作物，在我国果蔬生产和消费中占据重要的地位。

一 西甜瓜工厂化嫁接育苗集约化技术

西甜瓜栽培是否成功，种苗培育是关键的因素之一。研究表明，嫁接苗可以提高西甜瓜对土传病害的抗性，不同砧木嫁接西甜瓜还可以提高植株对低温和盐碱等非生物胁迫的抗性，嫁接还可以提高产量，因此在西甜瓜的生产上应用广泛。武汉地区西甜瓜的育苗工作，一般从每年的 12 月上中旬开始至次年4 月中旬结束，供苗期为 2 月下旬至 4 月下旬。

（一）育苗设施

冬季和早春工厂化育苗一般是在保温性和透光性好、空间较大、便于操作的日光温室（北方）或具备加温功能的玻璃温室或塑料大棚进行；夏秋季育苗则需在具有良好降温条件的棚室内进行嫁接苗生产，如有湿帘的日光温室、塑料大棚和连栋温室等。

（二）品种选择

1. 接穗

应遵循因地制宜的原则，结合本地气候、温湿度等多方面因素进行合理化选种，保证所选择的品种具备高产、优质的特征，同时要具备较强的抗病虫害性能和抗逆性。如早佳（8424）、美都、京嘉、京彩1号、武农8号等中小果型的西瓜品种，博洋、甜宝、美浓、绿蜜等薄皮甜瓜品种，久脆美、柠檬蜜、都蜜5号、玫珑等光皮或网纹的厚皮甜瓜品种。

2. 砧木

宜选择根系发达、抗枯萎病、嫁接亲和力强、共生性好，对西瓜品质无影响的砧木，如哈密瓜、白籽南瓜、葫芦或本砧等。一般采用小子叶品种的砧木为宜。

（三）种子处理

1. 温水浸种

将种子浸泡于55℃左右的温水中15分钟，期间搅拌，水温下降至30℃左右时即可停止搅拌。接穗品种浸泡时间控制在7小时左右，砧木浸泡时间控制在9小时左右，然后将其捞出晾干，放置于28℃环境下进行催芽备用。

2. 药剂浸种

药剂浸种能够将种子表皮病菌杀灭，降低病虫害发生概率。在浸种过程中，常用质量分数为50%多菌灵可湿性粉剂500倍液、2%春雷霉素400倍液等，均可起到良好的杀菌消毒效果，降低西甜瓜病虫害发生概率。近年来细菌性果腐病和黄瓜绿斑驳病毒病发病严重，生产上分别通过索纳米、杀菌剂1号等药剂和高低温交错的变温处理来防治。

（四）消毒

1. 育苗场所消毒

新建温室作为育苗场所无须消毒。使用过的温室作为育苗场所应按照三个步骤进行消毒。第一步，拔除温室内杂草后，用吡虫啉 800 倍液喷洒杀灭地面害虫；第二步，用多菌灵 500 倍液喷洒栽培床及地面，预防病害；第三步，喷洒甲醛 2000 倍液处理整个温室内部环境，然后密闭温室，24 小时后打开相关通风设备换气通风，7 ~ 10 天后可投入使用。

2. 培养箱及催芽室消毒

用过的培养箱可先用干净毛巾蘸取乙醇 1000 倍液将内部擦洗一遍，然后再用干净湿毛巾擦洗一次，打开培养箱门透气 24 小时后，便可使用。用多菌灵 500 倍液喷洒催芽室内部墙面和地面，24 小时后便可使用。

3. 穴盘消毒

新穴盘无须消毒，直接使用。旧穴盘需先消毒后使用。消毒时将旧穴盘浸泡在甲醛 2000 倍液池中，用薄膜密封池口，24 小时后打开并抽出消毒液，然后注入清水再浸泡 24 小时，捞出穴盘并分散晾干，堆放整齐，5 ~ 7 天后便可投入使用。

（五）播种育苗

1. 育苗基质

一般选用泥炭土或泥炭土、珍珠岩、蛭石的混合物（混合比例为 2∶1∶1）作为嫁接育苗基质。

2. 装盘

一般采用 50 孔的育苗穴盘。砧木播种前基质装盘，整齐摆放在铺设好薄膜的育苗床上，于砧木播种前 1 ~ 2 天浇透水备用。

3. 播期

（1）砧木播种时间。因定植时间不同，砧木需分批播种。结合本地气候、温度、湿度等因素控制播种时间。武汉地区一般砧木播种期为 12 月中下旬至次年 2 月下旬，或者根据不同西瓜品种的定植时间往前推算 45 ~ 60 天。

（2）接穗播种时间。待砧木子叶平展并见真叶时，接穗种子开始浸种催芽，比砧木播期迟 10 ~ 15 天。

4. 播种方法

（1）砧木播种。将发芽种子播于播种孔穴中，每穴 1 粒，种子平放，芽头朝下或侧向。播种后，及时覆盖 1.5 cm 厚基质，上面再覆盖一层地膜。嫁接砧木标准株高 8 ~ 10 cm，下胚轴长 4.5 ~ 5 cm，茎粗 0.3 ~ 0.4 cm，开展度 6 cm×9 cm，苗龄一叶或一叶一心或第二片真叶刚露心时准备嫁接。

（2）接穗播种。接穗播种法主要以散播为主。可将出芽的西瓜种子倒入干净塑料盆中，加入少量干蛭石拌匀，均匀撒播在事先准备好的移苗盘基质上，再覆盖 1.5 ~ 2 cm 厚的基质。西瓜接穗在子叶展平、颜色变绿时可开始嫁接，甜瓜接穗则在子叶展平、真叶萌出未展平时嫁接。

（六）嫁接

目前，西甜瓜嫁接技术的应用，主要包括靠接法、插接法（顶接法）两种。靠接法虽然应用广泛，但效率不高；顶接法由于工序降低、工期短、病虫害发生率低而备受青睐。

1. 砧木和接穗的处理

嫁接前先将砧木的真叶及生长点从基部掐去；从移苗盘中剪出接穗后，在装有 50% 多菌灵 1000 倍液的盆中浸洗两遍。

2. 顶接法嫁接

用竹签紧贴砧木子叶叶柄中脉基部向另一子叶叶柄基部成 45° 左右斜插，竹签稍穿透砧木表皮，露出竹签尖。在接穗苗基部 0.5 cm 处先平行于子叶斜削一刀，再垂直于子叶将胚轴切成楔形，切面长 0.5 ~ 0.8 cm。拔出竹签，将切好的接穗迅速准确地斜插入砧木切口内，尖端稍穿透砧木表皮，使接穗与砧木完全吻合，两者的子叶交叉成"十"字形，最后使用嫁接夹进行固定即可。

3. 嫁接后处理

当一个育苗床嫁接完成或中途休息时，立即用喷雾器给嫁接苗喷一遍水，架设小拱棚，覆盖一层无滴薄膜和一层遮阳网，遮光保温保湿。

西瓜嫁接（贴接法）　图 / 祝菊红

西瓜嫁接（插接法）　图 / 祝菊红

（七）嫁接苗管理

1. 温度管理

一般情况下，嫁接后 1 ~ 3 天，白天温度控制在 26 ~ 30℃，夜晚温度控制在 20 ~ 25℃为宜；嫁接后 4 ~ 6 天，白天温度控制在 25 ~ 27℃，夜晚温度控制在 18 ~ 20℃为宜。在定植前 7 天，需要做好炼苗工作，前期白天温度控制在 24 ~ 26℃，随后逐渐降至 23 ~ 24℃；夜晚温度控制在 13 ~ 14℃，随后逐渐降

至 10℃ 左右炼苗。

2. 湿度管理

嫁接后前 2~3 天苗床空气相对湿度保持在 90%~95%。3 天后视苗情开始由小到大、由短到长逐渐增加通风换气量和换气时间。8~10 天后，嫁接苗不再萎蔫可转入正常管理，湿度控制在 50%~60%，低温高湿天气可用暖风炉和除湿机保温、降湿。一般视天气状况及基质湿度决定浇水时间和浇水量，见干见湿，避免雨天前浇水。

3. 光照管理

在棚膜上覆盖黑色遮阳网。前 2~3 天，晴天可全天遮光，3~5 天逐渐增加早晚见光时间，缩短午间遮光时间，直至完全不遮阳。第 7 天仅在中午阳光强烈时用一层遮阳网遮光，其余时间可去除遮阳网，10 天后完全撤除遮阳网，并撤除小拱棚，恢复常规苗床管理。嫁接后若遇阴雨天，光照弱，可不遮光。总之要视嫁接苗萎蔫情况及时调整见光时间及光照强度。

4. 肥水管理

嫁接成活后，转入正常肥水管理。苗期喷施 0.15% 磷酸二氢钾液等叶面肥 2~3 次，还可以加入 1% OS 施特灵、甲壳素等植物诱抗剂，增强嫁接苗抗逆性。第二片真叶长出后开始适当控制水分，防止徒长，培育壮苗。

5. 病虫害防治

主要虫害是蚜虫，可喷洒吡虫啉 1000 倍液防治 1~2 次。主要病害有猝倒病、炭疽病、白粉病、疫病等，可于嫁接前用 60% 敌克松 500 倍液、嫁接后用 50% 多菌灵 1500 倍液喷雾 1~2 次防治猝倒病；用 80% 代森锰锌可湿性粉剂或 70% 乙膦铝·锰锌可湿性粉剂 800 倍液喷雾防治炭疽病；喷洒苯醚甲环唑 1000 倍液防治白粉病；高温高湿易发生疫病，用 70% 甲基托布津 800 倍液防治。

6. 其他管理

要及时剔除砧木长出的不定芽，保证接穗健康生长，去除侧芽时切忌损伤子叶及摆动接穗。嫁接苗定植前 5~7 天开始炼苗。主要措施有：降低温度、减少水分、增加光照时间和强度。秧苗达到适宜的苗龄应及时出苗，供苗前 1~2 天喷一遍杀菌剂，如百泰（20 g/15 L）等。

（八）商品苗标准

商品苗标准为株高 10 ~ 15 cm，开展度与株高相近，接穗茎粗 0.5 ~ 0.8 cm，真叶 3 ~ 4 片，叶大且厚，叶色绿，根系白色，次生根发达，无锈根，基质方块被根系紧密包裹且脱离育苗穴盘后不散，苗健壮无病。

> **Q** 怎样育好秋季西甜瓜苗？
>
> **A** 秋季西甜瓜播种时间一般宜在 7 月中下旬，最迟不超过 8 月 15 日，秧龄 10 ~ 15 天，叶龄一叶一心至二叶一心。同春季播种一样，也分直播和育苗移栽两种方法。但由于播种期间暴雨与烈日高温时有发生，大田直播较难成苗齐苗，所以仍以育苗移栽为主。
>
> 苗床的选择、营养土的配备、营养钵的选择和播种的方法均同于春季育苗，但苗床的管理不同。春季是以苗床增温防寒，保证瓜苗的健壮生长为主；秋季则是利用苗床防烈日高温、防暴雨，严格控制温度和水分，保证瓜苗的健壮生长。秋季西瓜、甜瓜催芽播种于育苗床后，育苗床既要准备防暴雨的薄膜，又要准备防止高温、强光直射的冷凉纱（又称遮阳网），这样才能在暴雨时覆盖薄膜避免幼苗受害，同时又可以控制苗床湿度，防止幼苗徒长，减少病害的发生。出苗后如遇高温强光照，中午前后可以在苗床上覆盖冷凉纱，使幼苗生长稳健。秋瓜育苗床上的拱棚拱条要插得比春季棚更宽更高一些，以防暴雨。棚膜与冷凉纱不要覆盖到畦面，每边下沿留 20 cm 空当，以便通风。

二　西甜瓜整地施肥新技术

（一）西甜瓜整地做畦标准

西瓜的瓜畦要根据种植的品种来确定畦宽。早中熟品种一般长势中等，而且坐果较早，龟背形合厢若采取中间一条垄的定植或定植行分设在畦的两沟边，以 4.5 m 开厢整地，畦面宽 4 m 左右为宜；采用 2 m 或 1.2 m 的宽地膜覆盖，定植行分设在地膜两边对爬，则可以 4 m 开厢，畦宽 3.5 m 左右为宜；无籽西瓜晚熟品种和嫁接西瓜，长势比较旺盛，坐瓜也较迟，以 5 m 开厢整地，

畦宽 4.5 m 左右为宜，地膜覆盖宽度相应调减 0.5 m。一面坡单厢早中熟品种以 2.5 m 开厢整地，畦宽 2 m 左右为宜；无籽西瓜、晚熟品种和嫁接西瓜以 3 m 开厢整地，畦宽 2.5 m 左右为宜。甜瓜一般以 1.5 m 左右开厢为宜，选择 1.2 m 或 1 m 宽的地膜进行覆盖，尽可能地扩大地膜的有效覆盖面积。

Q 秋西甜瓜怎样整地做畦？

A 秋西甜瓜的整个生长期基本处于干旱之中，因此，整瓜畦首先就要考虑到便于灌溉，所以做畦的方式与春季有所不同。

（1）单行栽培畦。这种方式适合于秋季西瓜生产，因为单行栽培的畦面较窄而且较高，灌水十分方便，且水容易向畦内土壤渗透，西瓜的主根群受水迅速，水在畦沟内停留的时间也相应地缩短，对减轻或避免病害起到一定的作用。整畦的做法是按 5 m 开厢，整成两块一面坡式的瓜畦，中心沟（定植行旁的沟）宽 50 cm、沟深 30 cm 左右，低沟宽 30 cm、沟深 15 cm 左右。主沟主要用于抗旱灌水，低沟主要用于排渍。

（2）双行栽培畦。双行栽培畦的整地方式基本上同于春季，考虑到秋季的气候特点，中间的龟背不像春季那样突出，而两边的畦沟必须深 25 cm 以上。若畦沟深度不够，灌水时易漫溢西瓜根部，影响西瓜根系正常生长，灌水时间过长甚至会出现沤根导致全株死亡。

（3）甜瓜瓜畦更应注意深沟高畦，以利抗旱灌水时低灌慢浸，保持畦面灌水不见水，既使甜瓜根系生长不受影响，又防止叶面病害的发生。

（二）西甜瓜整地施底肥

西甜瓜根系都比较强壮，入土深。春季栽培时，为了创造一个良好的土壤状况，有利于根系的发育，应在年前秋、冬季将预留定植行深耕 25～30 cm，不耙，让其自然冻凌风化，使土壤疏松层加厚，提高保水透气能力。春季耙细继续深耕，尽量避免连作重茬。如果在原地连作或进行秋季栽培时，应当在春季西甜瓜或其他作物全部采收结束后，及时把所有根系、茎叶清除出棚外，每亩再用 50% 敌克松杀菌剂 750 g，撒施土表，然后进行土壤耕翻，继而进行高温闷棚，以达到土壤杀菌消毒的目的。

由于各地土壤性质、土壤肥力、肥料种类不同，施肥量也就不同，应根据西甜瓜生长发育的需要、肥源情况进行施肥。底肥约占总施肥量的35%，而一次性施肥是极不科学的施肥方法，容易造成植株生长过旺难以坐果。一般每亩施入腐熟堆肥、沤肥、熏肥等农家肥 1500 kg、饼肥 50 kg、硫酸钾复合肥 5 kg。施肥的方法是西甜瓜定植前 7～15 天，抓住墒情最合适时整畦。在定植畦内用套犁的方式犁 3 条深沟，将肥料均匀地施入沟内，形成一个肥层带，然后整成龟背形高畦，并随即覆盖好地膜，让肥料在地膜内有一段提前分解的过程。同时还能提高定植行内的土温，有利于定植后幼苗根系的伸展。定植期如遇连续的阴雨天，可以比较主动地掌握天气变化定植。

三 西甜瓜定植技术

（一）定植的适期

一般春季大田西甜瓜生产的定植期应以日均气温稳定在 15℃以上，夜温稳定在 10℃以上为宜。苗龄 25～30 天，二叶（真叶）一心的叶龄最为合适。保护地栽培如果当时气温较低，为了便于管理，可以育大苗移栽而不必局限于合适的叶龄，但是，甜瓜在育苗床中达到 4 片真叶时，应在育苗期进行摘心（即摘除生长点）。秋季栽培的育苗时正值夏天（苗龄比春季短），苗龄 7～10 天时即可定植（一叶一心至二叶一心）。秋季应以小苗定植为宜，瓜苗太大定植时一是根系损伤严重，影响正常生长；二是高温下定植，植株越大越容易造成失水，影响瓜苗的成活和延长缓苗期。

（二）定植的天气

移栽应选择无风、无强烈高温的晴天进行。定植时遇大风会使植株体内水分大量损失，甚至损伤茎叶，对覆盖地膜也造成困难。阴雨天移栽气温低，定植后瓜畦内土温也较低，不利于根系的生长。高温天气移栽，叶片蒸发量大，营养土水分损失也较多，使根系受到损害，缓苗时间延长。

（三）定植的方式

定植前一天或当天的早晨应对苗床喷施最后一次"送嫁药"，带药移栽，

增强瓜苗的抗病能力。栽植时营养钵周围的土只回填 2/3，然后用混入 0.2% 的磷酸二氢钾水作定根水（如果用腐熟的 10%~15% 的清粪水再混合 0.2% 的磷酸二氢钾效果更好），每穴浇灌 0.5 kg，待水完全下渗后再将营养钵用土封好，覆土深度以盖住营养钵面 1 cm 左右为宜，注意覆土盖钵时不要用力挤压营养钵周围的湿土，以免形成板结的"僵土"，影响幼苗根系的发育。移栽时最好采取多人协作的流水作业，栽完后立即用土覆盖定植孔，保墒保温。

西瓜种植　图／朱云蔚

Q 秋季西甜瓜定植时要注意些什么问题?

A（1）小苗移栽。春季大苗移栽是因为低温条件下，瓜苗可以集中在苗床进行保温管理，待温度上升后再移栽于大田。秋季温度高，瓜苗在苗床比露地更难管理，所以一般苗龄 8 ~ 10 天，一叶一心时就要及时定植。小苗定植还起到保护根系的作用。

（2）避免在高温强光下定植。尽量选择下午 4 时以后太阳光逐渐减弱时定植，阴天更好。定植后要及时覆盖地膜，保持土壤的湿度，同时要在地膜上覆盖麦草，无麦草也可以覆盖稻草或青杂草。覆草主要是降低膜下的温度，如果不采取这项措施，中午强光时地膜下的地温可达 50℃以上，瓜苗的根系根本无法伸展，不但影响地上瓜苗的生长发育，甚至导致全株死亡。

（3）适当密植。秋西瓜授粉和果实的发育均处于干旱条件下，植株生长量较春季小，而且有利于选留坐果节位，因此，可以适当密植，每亩定植 700 ~ 750 株。肥水条件好的地块可进行双蔓整枝，肥水条件差的地块进行三蔓整枝。

四 西瓜施肥技术要点

（一）轻施西瓜提苗肥

西瓜苗定植后，幼苗虽然生长缓慢，需肥量少，但是由于根系分布的范围小，对于深层的有机肥一时难以吸收利用，需要追施 2 ~ 3 次提苗肥以促进幼苗生长。

每次追肥应视瓜苗长势、土壤墒情来决定施用量。如果瓜苗长势不一，应对瘦苗、弱苗进行单独追肥，而强苗、健苗不追，防止因幼苗期长势强弱不匀而影响西瓜的正常生长。追肥的方法是用 15%速效有机肥加 0.2%的磷酸二氢钾混合液，每亩用量 150 kg 左右，灌施入定植孔处，灌施后要随即用土封口。若地膜覆盖瓜畦内的墒情不足，可配合施苗肥加大灌施量。

（二）巧施西瓜倒蔓肥

西瓜倒蔓后，根系和茎叶的生长速度加快，对养分的需要量相应迅速增加。追施倒蔓肥既可促进茎叶的生长，又解决了开花期和坐果期对营养的需求。南方地区一般在前作收割后，瓜蔓 20 ~ 50 cm 长时，在紧靠地膜边的两侧，犁 25 cm 左右的深沟，每亩施入腐熟畜禽粪 500 kg、硫酸钾复合肥 5 kg、尿素 5 kg；或饼肥 50 ~ 70 kg、硫酸钾复合肥 5 kg、尿素 5 kg；或腐熟的堆肥、农家肥 1000 kg，硫酸钾复合肥 5 kg、尿素 5 kg。施肥后全面翻地整畦，将畦面整平。有耕作条件的农户，可以根据茎蔓的生长分阶段炕地整地，既可改善土壤的通透性，又可减少杂草的生长。

（三）重施西瓜膨瓜肥

西瓜从雌花开放到长至鸡蛋大小约需 5 天的时间，成熟又需约 5 天的时间，成熟期以糖分转化和种子成熟为主，瓜的重量不但不会增加，相反会略有下降。西瓜真正的膨瓜期就只有 20 天左右的时间，由于果实生长旺盛需要大量的养分，所以必须重施膨瓜肥才能满足西瓜的急剧膨大。如果这段时间出现旱情，还要配合灌溉。钾肥对提高西瓜的品质和抗性有着重要的作用，为了保证西瓜的品质和提高产量，应选择硫酸钾复合肥为膨瓜肥，复合肥中的钾含量最好多于氮和磷，不宜单施尿素和碳酸氢铵。

当 70% 以上的西瓜幼果有鸡蛋大小时，是重施膨瓜肥的关键时期。此时，西瓜的根系几乎布满整个瓜畦的土壤中，任何地方追肥根系都能吸收到，但西瓜主根群主要集中在水平方向 1.5 m 的范围内，膨瓜肥施入此范围内最有利根系的吸收。施肥的方法是用窄锄头在距西瓜根部 1 ~ 1.5 m 茎叶稍稀的空隙处挖小穴，一株一穴更好，如茎叶密集，也可两株一穴。每穴施入 0.1 kg 以下的硫酸钾复合肥，然后用 20% 的速效有机肥液浇灌入穴中将复合肥溶化，待下渗后用手覆土盖穴，防止肥料挥发或随雨水流失。每亩追肥量为 40 ~ 50 kg。除土壤追肥外，还可进行叶面补充追肥。叶面追肥可用 0.3% 磷酸二氢钾、0.3% 尿素混合液每隔 4 ~ 5 天喷施一次，延缓植株的早衰，保持茎叶的健壮生长，确保产量与品质的提高。

五 西甜瓜田间管理技术要点

（一）西瓜压蔓技术

西瓜属蔓生作物，蔓可以拖几米长，主蔓上还会抽生侧蔓，如果不进行整理，任其自然生长，就会出现遮叶、蔓压蔓现象，刮风时还会发生"滚秧"，整个植株呈乱麻状，严重影响叶片的光合作用，造成光合能力下降，光合产物不足，出现"化瓜"现象。压蔓是对所留下的茎蔓，通过整理、拉直理顺、固定，使每片叶在田间都能占据一定的空间，减少相互的遮挡。压蔓分明压和暗压。

压蔓不能在早晨进行，此时蔓叶质脆，操作时易裂蔓断叶，宜在下午茎蔓变软时进行。瓜坐稳后还可拿掉一部分重压的土块，以利养分的输送。

1. 明压

明压分两种：一种是就地用土块压蔓；另一种是用新鲜树枝或粗铁丝固定茎蔓。其方法是当主蔓长 50 cm 左右时，在离根茎部 25 cm 左右压一土块，以后每间隔 4～5 节再压一土块，侧蔓和主蔓同时进行，共压 3～4 次，瓜坐稳后不再压蔓。注意选留坐瓜的雌花在压土块时前后的茎节预留 2 节，以免影响幼瓜的生长。沙土地种瓜因无土块压蔓，可选用新鲜树枝或粗铁丝压蔓。树枝或粗铁丝压蔓都需要剪成长 10 cm 左右，再对折成"⌒"形，然后用"⌒"形的树枝或粗铁丝夹住瓜蔓插入土中即可。

2. 暗压

暗压即顺蔓的走向，挖一长 10 cm 的浅沟，把蔓放入沟内用土压紧。暗压适用于疏松的沙土或沙壤土，其费工费时，技术性又强，生产上基本不采用。

（二）西瓜整枝技术

西瓜的腋芽萌发力很强，很容易发杈。如果放任不管，枝杈太多，会耗费大量养分。若肥力不足，必然会引起瓜小、产量低、品质差的不良结果，所以必须进行不同程度的整枝管理。通过整枝减少养分消耗，使植株健壮。

整枝分单蔓、双蔓、三蔓和多蔓多种形式。

1. 单蔓整枝

单蔓整枝多用于温室、大棚保护地的牵引栽培，一般露地栽培最普遍采用的是双蔓或三蔓整枝。

2. 双蔓整枝

双蔓整枝是保留主蔓另选留一条健壮的侧蔓，其余的侧蔓全部摘除。双蔓整枝能提高种植密度，同时叶面积较大，雌花也较多，主侧蔓都能坐瓜，合适节位坐的瓜，大小不会受到影响。小棚保护地栽培多采取双蔓整枝；露地栽培的早熟品种也一般进行双蔓整枝；在土壤和灌溉条件好且肥料足的情况下，中晚熟品种和无籽西瓜为了增加种植密度，提高产量，也采用双蔓整枝。

3. 三蔓整枝

三蔓整枝是保留主蔓，另选两条健壮的侧蔓，其余的侧蔓全部摘除。三蔓整枝多用于中晚熟西瓜品种和无籽西瓜，因为三蔓整枝的叶面积指数更大，雌花相应也较多，便于选留坐瓜的节位和长成大瓜。

无论哪种整枝方式，都要注意地上部和地下部的相互关系。过早地整枝会抑制根系的生长，而整枝过晚又消耗了植株营养。整枝一般是在主蔓长50 cm 左右，侧蔓长 15 cm 左右时进行，以后每 5 天左右再进行一次。在坐瓜前，主、侧蔓上的孙蔓要清除干净，瓜坐稳后，养分集中向果实输送，植株长势趋缓，整枝停止，新长出的蔓叶和孙蔓所制造的同化物质对果实膨大起一定的作用。

西瓜立架栽培 图/汤谧

Q 西甜瓜灌水要注意哪些问题?

A 长江中下游和南方地区春夏季雨水较多,而西甜瓜生长的前中期需水量较少,一般的年份都不存在灌水抗旱的问题。膨瓜期西甜瓜需水量急剧增加,此时若数天不雨,土壤和植株中的水分蒸发量大,容易出现旱情。西甜瓜中午若出现叶片下垂便是旱象的表现,应及时灌水,确保西甜瓜果实的膨大。灌水时常常会人为地创造一个高湿加高温的发病条件,导致西甜瓜病害的流行,影响西甜瓜的产量和品质。灌水也不宜大干大湿,否则会造成裂果。因此,灌水时要注意以下问题。

(1)灌水时间。一定要选择地凉、水凉时进行,切忌在高温的白天灌水,一般可选择在傍晚6时以后。

(2)灌水深度。不得超过畦沟的2/3,切忌漫灌,漫灌会在瓜田产生高温高湿的环境,导致病害的发生或出现沤根现象。

(3)停留时间。水在畦沟中停留的时间视土壤性质而定。沙壤土渗透力强,时间可短些,一般沟畦表面土壤渐湿时应立即停止灌水;黏土渗透性差,灌水时间可稍长些,必要时可用沟中的水适当泼浇根部,但切忌满地泼浇。灌后要及时排除沟内积水,不能让水在沟内停留过长。

灌水要在西甜瓜成熟前7～10天进行。成熟期灌水,会使西甜瓜的含糖量变少,降低品质。

(三)甜瓜整枝摘心技术

甜瓜的整枝方式较多,但主要有单蔓整枝、双蔓整枝、三蔓整枝和多蔓整枝。湖北,以及南方地区应以4～5蔓整枝为宜。4～5蔓整枝,由于子蔓较多,叶面积指数增加快,坐果节位多,而且坐果早、整齐集中,有利于早熟。小棚保护地和露地栽培的整枝方式是:主蔓长出4～5片真叶时摘心,主蔓生长点摘除后,营养物质向叶腋输送,促进了子蔓的生发。子蔓长至9～12片叶时再摘心,子蔓第5节以后生长出的孙蔓均可坐瓜。为了使孙蔓生长速度快,促使雌花子房迅速膨大并提高坐果率,可在雌花前留2片叶再次对孙蔓进行摘心。

如果茎叶生长过旺，需要适当疏除不结果的孙蔓。

整枝摘心还要注意以下几个事项。

（1）整枝摘心要安排在上午 10 时以后进行。此时茎叶较柔软，操作时可避免不必要的损伤。同时，10 时后气温较高，伤口愈合快，可减少病菌感染。

（2）整枝应掌握前紧后松的原则。主蔓摘心一定要及时，摘心时只需掐除一点点生长点，以免影响子蔓的生发数量。子蔓迅速伸长期必须及时整枝，这是促进孙蔓生长早坐瓜的重要环节。孙蔓生发后，也要及时摘心，促进坐果，一旦果坐稳后，根据全株营养体的生长势和叶面积酌情疏蔓，促进植株从营养生长向生殖生长转化，加速果实的生长发育。

（3）南方种植甜瓜一般都是深沟窄厢，密度较大，单株营养体较小，4～5蔓整枝，坐瓜比较整齐。坐瓜过多，养分不足，会使得瓜小、商品性差，所以最好每株选留 4～5 个坐果节位好、果形端正的幼瓜，其余疏掉。

（4）阴雨天不要整枝摘心，防止伤口感染病菌。

薄皮甜瓜立架栽培　图／汤谧　　　　　甜瓜立架栽培　图／汤谧

（四）设施甜瓜栽培蜜蜂授粉技术

由于设施甜瓜处于与外界相对隔离的环境，特别是冬春季节，缺少自然授粉昆虫，过去通常采用人工授粉、激素蘸花处理等手段保果，但需要花费大量的劳动力，生产成本过高。而且，经蜜蜂授粉后的雌花发育成的果实外观周正，中后期果实生长速度加快，籽粒饱满。因此，甜瓜蜜蜂授粉技术受到瓜农重视。技术要点如下。

1. 授粉前的准备

蜂群搬进棚室之前，要对棚室进行一次全面检查，做好病虫害的防治工作，以免蜜蜂进棚室后发现病虫再防治，导致蜜蜂中毒。喷药后第二天将通风口打开，使棚室内的有害气体散发掉，同时将喷洒农药用的器具拿出，农药残效期过后再将蜂群搬进棚室。

选择蜂王产卵好、群内饲料充足的蜂群作为授粉蜂群。租赁蜜蜂授粉时，尽量选择蜂群强的新蜂王种群。在棚室中部搭一蜂箱架，并准备好专用的授粉蜂箱及巢门饲喂器。

2. 确定蜂群入棚室时间

采用蜜蜂授粉要求棚温控制在 18 ~ 32℃，适宜温度 22 ~ 28℃，湿度控制在 50% ~ 80%。甜瓜最佳授粉时间为上午 8—10 时。温度过高或过低，均会导致甜瓜泌蜜量降低和花粉活力减弱。中午前后注意棚室通风。

3. 授粉期的蜂群管理

蜂箱要避免震动，不可斜放或倒置。蜂箱放置后不可随意移动，以免蜜蜂迷巢受损。注意采取防鼠措施。蜂群有效授粉时间可达 3 个月，在晴朗天气，为甜瓜有效授粉 6 ~ 10 天即可。

4. 授粉后的管理

甜瓜蜜蜂授粉后坐果较多，在果实长至鸡蛋大小时要定果。花期过后，要及时处理蜂群，也可继续运到其他设施内使用。

六　西甜瓜病虫害绿色防控新技术

（一）西甜瓜病虫害绿色防控技术

西甜瓜栽培成功与否的关键是控制住病虫害，防治病虫害不能完全依赖化学药剂，要采用农业生态调控、物理防治、生物防治和化学防治相结合的绿色综合防控措施。

1. 农业生态调控

轮作换茬，创造不利于西甜瓜病虫发生的条件；清洁田园，清除残株、败叶、杂草减少病虫源，压低病虫基数；整枝、疏果，保持通风透光，防止叶蔓郁闭，减轻病虫发生程度；合理实施肥水管理，实施健身栽培。

2. 物理防治

使用防虫网隔离防护，悬挂黄板诱杀蚜虫、蓟马、烟粉虱等害虫，铺银灰色地膜或张挂银灰膜条避蚜虫、夏季高温闷棚和硫黄熏蒸处理等。

3. 生物防治

释放智利小植绥螨等天敌减控红蜘蛛，利用杀螟杆菌、白僵菌等防治瓜绢螟，利用灭蚜菌防治蚜虫，利用七星瓢虫防治瓜蚜，利用武夷素防治甜瓜白粉病，利用木霉素防治菌核病，利用新植霉素、氯霉素、农抗120、苦参碱、高效 BT 生化制剂或生物菌剂等防治枯萎病、炭疽病等病害和蚜虫等虫害。

4. 化学防治

根据病虫发生情况，使用高效低毒低残留农药或生物农药如氯虫苯甲酰胺、肟菌·戊唑醇等予以防治。

（二）几种典型西甜瓜病虫害的防控措施

1. 瓜类枯萎病

瓜类枯萎病又称蔫萎病、死藤病、蔓割病，是西瓜的主要病害，严重时可以导致西瓜减产甚至绝收。西瓜整个生长期都能发病，以抽蔓起到结瓜发病最重。苗期发病，幼茎基部变褐缢缩，子叶、幼叶萎蔫下垂，突然倒伏。成株发病，病株生长缓慢，下部叶片发黄，逐渐向上发展。发病初期，白天萎蔫，早晚恢复，数天后全株萎蔫枯死。枯萎植株的茎基部的表皮粗糙，根茎部纵裂。潮湿时茎部呈水浸状腐烂，出现白色至粉红色霉状物，即病菌的分生孢子座和分生孢子。病部常流出胶状物，茎部维管束变成褐色。病株的根，部分或全部变成暗褐色、腐烂，很容易拔起来。其主要防治方法如下。

（1）实行轮作倒茬，及时拔除病株。发生过西瓜枯萎病的田块，最好间隔三年以上再种西瓜。

（2）嫁接换根，可用葫芦做砧木嫁接西瓜苗。

（3）苗床床土和营养钵土的处理。可用 50% 代森铵 400 倍液进行土壤消毒，每 1 m² 浇施 4.5 kg，土壤较干时可加大药液量；或用 40% 福尔马林 0.5 kg，拌营养土 1500 kg，密封 15 天左右杀菌效果较好。床土和营养土忌用种过瓜的土壤，用火土灰较好。

（4）合理施肥。注意氮、磷、钾三要素的配合，不要偏施氮肥，使植株生长健壮，提高抗病力，不要施用带菌的堆肥和厩肥。酸性土壤亩施 100 kg 石灰，调节土壤的酸碱度。

（5）拔出病株。发病株立即拔掉烧毁，并在病株穴中灌入 20% 的新鲜石灰乳，每穴灌药液 500 mL。在病株周围及附近健康植株穴里浇灌 50% 多菌灵 500 倍液，或 50% 代森铵 800 倍液，或 1∶2∶200 波尔多液，每株灌药液 200～250 mL。药剂只能减缓病菌的迅速蔓延，并没有较好的防治效果。

2. 瓜类炭疽病

夏季是炭疽病发生的高峰期。被炭疽病感染的西瓜茎叶和果实的表面会出现众多圆形的斑点和疤痕，呈现出被水浸泡过的状态。几天后，这些圆形的斑点和疤痕的颜色会呈现出深褐色或者黑色，并出现同心轮花纹，最终干枯死亡。因此在炭疽病的发病初期，可用 800 倍的 80% 炭疽福美可湿性粉剂溶液，或 500 倍的好力克喷雾溶液，对发病位置进行喷洒，8～9 天喷洒一次，喷洒 3 次即可。

3. 西瓜疫病

西瓜疫病的发生往往与使用了没有充分腐熟、带有病菌的有机肥有关，所以防治的手段就需要从如下几个方面做起。①西瓜所在地块要与禾本科作物进行 3 年一次的交替种植，这样才能够降低有机肥引起西瓜疫病的概率。②使用 25% 甲霜灵可湿性粉剂、90% 乙磷铝可湿性粉剂等药物喷雾，一周一次，连续 2 次，可以有效防治西瓜疫病。

4. 西瓜蔓枯病

也叫死藤病，蔓枯病主要危害西瓜的藤蔓，要想防治这种病害，其一要选择抗病性强的品种，其二可以使用复方多菌灵胶悬剂浸种、37% 抗菌灵可湿性粉剂浸或拌种子，起到预防作用。发生病害后，可以用 70% 代森锰锌可湿性粉剂、50% 多硫胶悬剂、36% 甲基硫菌灵胶悬剂等药物喷雾防治。

5. 甜瓜白粉病

主要危害叶片。发病初期，叶片产生近圆形粉斑，以后病斑逐渐扩大，成为边缘不明显的大片白粉区，上面布满白色，叶片枯黄卷缩，一般不脱落。亩

用 4% 农抗 120 水剂 200～400 倍液、5% 三唑酮可湿性粉剂 60～80 g，70% 甲基硫菌灵可湿性粉剂 35.7～53.6 g，或小苏打 500 倍液，交替喷雾。

6. 甜瓜霜霉病

主要危害叶片。一般先从下部叶片发病逐步向上部叶片发展，最初叶片上呈现水浸状黄色小斑点，随着病斑扩大，逐渐变为黄色至褐色。亩用 722 g/L 霜霉威水剂 80～100 mL，25% 甲霜灵可湿性粉剂 100～120 g，68% 甲霜灵·代森锰锌水分散剂 100～120 g，交替喷雾。

7. 秋西瓜的虫害防治

虫害猖獗是秋季西瓜生产的制约因素之一。主要虫害有黄守瓜、蚜虫和红蜘蛛等，对这些害虫应以防为主，治为辅，防又以"赶"为主。其方法是在每天上午 9 时左右，配制只需有农药气味的低浓度药液喷洒瓜叶，使害虫嗅到药的气味后不迁移到瓜田来为害，如果下午 4 时左右用上述方法重复一次，驱虫的效果更好。

近几年的生产实践证实，瓜绢螟对秋季西瓜生产危害严重。瓜绢螟又叫瓜野螟，在华中地区一年发生 5 代，以老熟幼虫或蛹在枯卷叶中越冬。一般在 5 月初出现成虫，5 月下旬至 6 月幼虫在黄瓜上危害，继而危害丝瓜、苦瓜、冬瓜，一年中以 7—9 月危害最重。成虫白天躲藏，夜间出来活动，趋光性不强，卵产于叶背，散生或者几粒在一起，初孵出的幼虫在叶背啃食叶肉，3 龄后吐丝缠叶，躲在里面为害，还能蛀入瓜藤、幼果和花芯进行危害。主要防治方法：虫少时可摘除卷叶，捏死幼虫。由于瓜野螟对秋西瓜为害方式比较特别，一般的农药难以达到防治效果。武汉大学生命科学院生产的生物农药 BT 麸子粉对防治瓜野螟效果显著。使用方法是：在盛有 14 kg 水的容器中，用手将袋装麸子粉在水里反复搓揉，然后将药液倒入喷雾器中对西瓜叶面进行喷施，喷药当天，瓜野螟便开始拒食，2～3 天后死亡。连续晴天，药效可持续 10 天以上。湖北省农业科学院 BT 研究开发中心湖北康欣农用药业有限公司研制的阿维·毒 24% 乳油，配制 3000～4000 倍水溶液喷雾，效果同 BT 麸子粉，还可兼治蚜虫和红蜘蛛。

Q 秋季西甜瓜采收要注意哪些问题？

A 由于秋季是全国西甜瓜生产的淡季，瓜少价高，因此，采收时更应注意保持西甜瓜的质量。

（1）根据西甜瓜成熟的标准采收。就近上市的西瓜一定要保持九成熟以上采收。采收时用剪刀在近茎部剪断果柄，较长的果柄可以减轻病菌的侵入和果实水分的流失。

（2）如果准备贮存，待瓜价高时出售，采收时在果柄的两边各留10 cm左右长的茎蔓，以防止果实失水和病菌从果柄侵入。采收最好在晴天的上午进行，有露水时必须要等露水干后方可采收。采收前7天左右要停止浇水。进入贮藏室的西甜瓜标准是：瓜形圆正、色泽光亮、表皮无虫伤和机械损伤、果皮上无病斑、从无病株上采收。

（3）秋季西甜瓜一般都是选择品质好、外观美丽的中小果型品种，远销的西甜瓜要下午采收，减轻裂果。在果柄两边各留10 cm长的茎蔓。

七　大棚网纹甜瓜高效栽培技术

网纹甜瓜素有高档瓜果之称，因外观靓丽、品质优良深受广大消费者青睐，种植经济效益可观。现就武汉地区网纹甜瓜早春大棚栽培技术说明如下。

1.品种选择

适宜选择耐低温、耐弱光性、耐湿、抗逆性强、品质优的早中熟品种，如都蜜5号、西州蜜25号和七彩翠蜜等。

2.培育壮苗

针对武汉地区早春低温寡照的气候条件，早春必须采用电热温床进行育苗。育苗技术参照前文说明。

3.适时定植

在2月中下旬选晴天定植。每厢种植2行，株距0.4 m，行距1 m，每亩定植2000株，定植后及时浇定根水、封严定植孔，加盖小拱棚并密闭塑料大棚。

4. 田间管理

定植后 5 天，及时逐棚检查活苗情况，发现死苗及时补苗，每棵苗浇水约 1000 mL，封孔。大棚以密封保温为主，白天温度控制在 25～32℃，夜间温度控制在 18～21℃。伸蔓期适当降温，白天 25～28℃，夜间 16～18℃。肥水、整枝、授粉、定果管理参照前文说明。

5. 病虫害防治

长江中下游地区主要的病害有蔓枯病、霜霉病、白粉病和病毒病等。虫害主要有白飞虱、瓜绢螟、黄守瓜、蚜虫。可针对性采取防治措施。

6. 适时采收

当果皮网纹变灰色，瓜柄茸毛完全脱落，紧邻瓜柄的叶片增厚变硬泛黄时即可采收。

八 西瓜无土栽培技术

1. 栽培设施

采用连栋温室或塑料大棚作为栽培设施。应配置必要的灌溉设备、加温设备和通风降温设备。

2. 供液系统准备

每 333 m² 建 1 个容积为 2 m×1.5 m×1 m 的蓄水贮液池。采用开放式滴灌，不回收营养液。在大棚中部设分支主管道，由分支主管道向两侧延伸毛管，每株瓜苗配 1 个滴头。

3. 基质准备

西瓜无土栽培基质可选择配方有草炭:蛭石 =1:1（体积比，下同）；草炭:蛭石:珍珠岩 =1:1:1；草炭:蛭石:菇渣 =2:2:6；河沙:蛭石:菇渣 =5:2:3 等。基质配好后，向其中加入消毒鸡粪 15～18 kg/m³、优质三元复合肥 2.3～3 kg/m³ 或磷酸二铵 2.5 kg/m³、硫酸钾 1 kg/m³，充分混匀。

4. 营养液及配制

营养液以斯泰耐作物营养液配方为基础，根据西瓜的不同生育期、季节等进行适当调整。每千升水中的化学药品用量为：磷酸二氢钾 135 g，硫酸钾 251 g，硫酸镁 497 g，硝酸钙 1059 g，硝酸钾 292 g，EDTA 螯合铁 400 mL，硼酸 2.7 g，硫酸锰 2 g，硫酸锌 0.5 g，硫酸铜 0.03 g，钼酸钠 0.13 g。

营养液配制时按顺序放入所需数量的化合物，一种溶解后再放入另外一种。营养液 pH 值 5.8 ~ 6.2，温度 15 ~ 25 ℃，EC 值 1.8 ~ 2.5 ms/cm，苗期略低于成株期。

5. 栽培技术

品种选择、种苗准备、定植管理、病虫害防治等方面均参照前文说明。

无土栽培宜采用立架栽培，双蔓整枝。4 ~ 5 片真叶时摘心，子蔓伸长后保留 2 条生长健壮的子蔓吊起，去除其余瓜蔓和腋芽；或当主蔓长至 30 ~ 50 cm 长、侧蔓明显时，保留主蔓、选留 1 条健壮侧蔓，其余侧蔓全部去除。瓜坐稳后摘除生长点，不再整枝。

采用蜜蜂授粉或人工辅助授粉。每株宜保留 1 ~ 2 个生长正常的瓜。西瓜直径 10 cm 左右时，用网袋吊瓜或用绳直接缠绕瓜柄吊瓜。

定植至开花期施用高氮型滴灌专用肥（如 22–13–17），施肥浓度 2.5 kg/m³。苗期至伸蔓期滴灌一次，每亩每次 3 ~ 4 kg；伸蔓期至开花期滴灌 2 次，间隔 3 ~ 5 天滴灌一次，每亩每次 5 ~ 7 kg。

开花后施用高钾型（如 15–10–25）或高氮高钾型滴灌专用肥（如 20–10–20），施肥浓度 2.5 kg/m³，开花期至坐果期滴灌 2 次，间隔 3 ~ 5 天滴灌一次，每亩每次 7 ~ 9 kg；膨瓜期滴灌 2 次，间隔 3 ~ 5 天滴灌一次，每亩每次 7 ~ 9 kg；成熟期滴灌 2 次，间隔 3 ~ 5 天滴灌一次，每亩每次 7 ~ 9 kg。

每株西瓜每天耗水量为苗期 0.5 L、伸蔓期 1 L、开花期 1.5 ~ 2 L、膨瓜期 2 ~ 3 L、成熟期 1 ~ 2 L。应根据不同时期需水量计算滴灌时间和次数，收获前 10 天停止灌水。

第七节　火龙果栽培技术

火龙果（*Hylocereus costaricensis*）为多年生攀缘性的多肉植物，热带、亚热带水果，喜光耐阴、耐热耐旱、喜肥耐瘠。在温暖湿润、光线充足的环境下生长迅速，旱季露地栽培时应多浇水，使其根系保持旺盛生长状态。在雨季应及时排水，以免感染病菌造成茎肉腐烂。目前火龙果主要有三个品种：红皮白肉火龙果、红皮红肉火龙果和黄皮黄肉火龙果。

一　种植地的选择

（一）育苗土地

育苗床宜选通风向阳、土壤肥沃、排灌设施好的地块，在育苗前施腐熟的畜（禽）粪、沼渣等有机肥，两周后即可扦插火龙果茎干。

（二）适合栽种火龙果的地块

种植地块应该选在开阔、地势平坦的荒地，尤以阳面坡地为佳。移栽前先开 30 cm × 30 cm 的种植坑，施入 20 cm 厚腐熟的畜（禽）粪、沼渣等有机肥，覆土后进行移栽。

二　育苗

扦插条宜选用 2 ~ 3 年健康、肥厚、粗壮、生长势强、有效芽体多的老枝条，将枝条裁剪成 30 ~ 60 cm 的长度，以插口在下的站立式来放置。枝条剪下后需对切口进行杀菌处理，然后放置阴凉处自然风干，待 7 ~ 10 天伤口愈合后再进行扦插。插条插入苗床后 15 ~ 30 天可生根，根长到 3 ~ 4 cm 长时可移栽定植。扦插后要保持土壤湿润。

三　搭架方式与定植

火龙果是攀缘性多肉植物，种植方式有多种，主要以柱式栽培居多。单排排架立柱高 1.2 m、间距 2 m，采用 40 mm 镀锌钢管。在立柱钢管顶端安装 60 cm 长横杆，横杆左右两侧拉设两条平行铁丝束并套套管，以供火龙果枝条向两边生长，排架与排架之间间距 2.5 m。在钢管立柱中心线下方，每隔约 1 m 定植一株火龙果苗，并用竹、木条牵引至排架上攀缘生长。根据所在区域降雨、排水、耕作深度、土壤质地以及枝条舒展等情况，来确定火龙果种植地垄面的宽度和高度，以降雨季节不长时间淹到垄面为标准，一般采用垄面宽 160 cm 左右，垄面高度 20 ~ 25 cm。

火龙果设施栽培　图 / 熊恒多

四　肥水管理

有条件的地方宜采用水肥一体化管理。

火龙果较耐旱，定植 3 ~ 5 天后可少量浇水，后期浇水应以不干不浇、浇即浇透为原则，切不可浇水过量。但开花结果期要保证植株充足的水分，以利于花朵和果实的快速形成及生长。雨季要注意排水，防止渍涝。

火龙果根系浅且特别发达，施肥时宜少量多次，防止烧根、烂根，应采用撒施法施肥。苗期施肥用有机肥发酵液淋施 2 ~ 3 次。进入结果期后，每年需要施肥 3 ~ 4 次，每株火龙果施用 3 ~ 4 kg 的有机肥、250 g 三元复合肥。此外，在果实膨大期再淋施一次有机肥（鸡粪、饼肥发酵液），以提高果实品质。

生长期需及时拔除杂草,并将杂草覆盖在植株四周起保温保湿作用。因火龙果根系浅,不可使用除草剂除草,以免伤害根系。

五　整枝修剪

定植幼苗开始生长时,应及时用布条把主茎绑在牵引杆上。火龙果主枝干及向上凸的枝条不结果,需要在主枝干长到 1.2 m 后剪掉顶端枝条,以促发分枝,主枝干 1.2 m 以下不留副枝。侧芽萌发后,合理疏芽,选取 3 ~ 5 个强壮分枝,生长到一定长度时自然下垂,形成结果枝,分枝下垂生长至离地面 30 cm 左右,分枝不留副枝。

六　疏花、疏果

火龙果定植后 8 ~ 12 个月就可开花结果。一般花蕾出现 8 天内,要及时疏花,每根枝条留 2 ~ 3 个健壮的花蕾即可,多余花蕾要及时疏掉,同一位置生长 2 个花蕾时也需摘除其中一个。谢花坐果后,及时摘除病、虫、伤、弱果和畸形果,1 条茎留 1 ~ 2 个果,以提高果实的商品价值。

七　病虫害防治

(一)常见病害

茎斑病、软腐病、炭疽病。

(二)常见虫害

斜纹夜蛾、蚜虫、蜗牛。

(三)防治措施

(1)加强种苗管理,选择无病扦插条,培育优质种苗。剪种苗应先喷药做防病虫害处理。发病茎节可结合疏枝剔除,且将病残体集中无害化处理。

(2)及时清除种植地及其周围杂草、枯枝,及时剪除病虫枝、衰老枝、过密枝,减少或消灭病虫源,地面撒施生石灰进行物理隔离,减少病虫害入侵。

(3)蜗牛危害主要为啃食嫩茎,蚜虫主要是危害花蕾和幼果。蜗牛可采用人工捕杀。牛蚜虫采用5.7%的甲氨基阿维菌素苯甲酸盐1500~2000倍液喷雾防治，蜗牛采用10%的灭蜗灵每平方米1.5 g诱饵诱杀。

（4）根据田间土壤情况，挖排水沟渠，防止雨季积水，减少病虫害的滋生。

八 采收

火龙果从开花到果实成熟需35～40天，当果实由绿色逐渐变成红色，散发微香、颜色鲜红有光泽时即可采收。

火龙果 图/熊恒多

第四章
肥料应用新技术

第一节　水稻机插秧同步侧深施肥技术

一　技术概述

　　水稻机插秧同步侧深施肥（亦称侧条施肥或机插深施肥）技术是水稻插秧机配带深施肥器，在水稻插秧的同时，将肥料施在水稻根系侧面 4 ~ 5 cm、深度 4 ~ 5 cm 的区域的开沟覆土施肥技术。该技术针对水稻生产过程中肥料用量大、施肥次数多、施肥方式落后等问题，将机插秧与侧深施肥技术相融合，推动施肥方式转变，提高肥料利用效率。

　　相对于常规施肥，在水稻侧深施肥和减施 10% ~ 20% 氮肥的条件下，水稻产量提高了 1.7% ~ 8.6%，氮肥偏生产力提高 6.7% ~ 35.6%。同时，亩均节省 1 ~ 2 个劳动力成本，亩均节本增效 25 ~ 123 元。

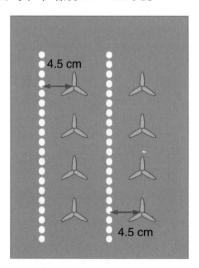

水稻机插秧同步侧深施肥俯视图　图/韩天

116

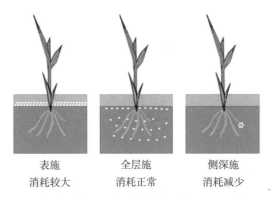

表施	全层施	侧深施
消耗较大	消耗正常	消耗减少

水稻机插秧同步侧深施肥技术节肥效果 图/韩天

二 技术要领

（一）整地

翻耕、灌水、泡田后，旋耕整地作业。田面耕整深浅一致、泥脚深度不大于30 cm、田块内高低落差小于3 cm、田面水深控制在1～2 cm。插秧前应自然落水沉泥，达到沉淀不板结、插秧不陷机、以指划沟缓缓合拢为宜。

（二）科学施肥

1. 肥料特性

适用于颗粒均匀、表面光滑的圆粒型复合肥或掺混肥，粒径2～5 mm，颗粒强度＞40 N（196 kPa以上），手捏不碎、吸湿少、不黏、不结块，吸湿率小于5%。

2. 配方施肥方案

（1）一次性施肥方案。肥料需选用缓控释复合肥，其中氮素含速效氮60%～70%、缓控释氮30%～40%。肥料配方及用量：早稻推荐肥料配方24-12-11，亩施用量35～40 kg；一季中稻推荐肥料配方28-9-13，亩施用量40 kg；中稻（再生稻）推荐肥料配方20-16-10，亩施用量45 kg；晚稻推荐肥料配方22-9-12，亩施用量45～50 kg。也可选用配方相近的缓控释肥。机插秧同步侧深基施，后期不追肥。

（2）"基+追"施肥方案。基肥以复合肥为主，肥料配方及用量：早稻推荐肥料配方 18-14-10，亩施用量 40 kg；一季中稻推荐肥料配方 24-10-15，亩施用量 35 ~ 40 kg；中稻（再生稻）推荐肥料配方 18-17-8，亩施用量 40 kg；晚稻推荐肥料配方 22-10-12，亩施用量 35 ~ 40 kg。也可选用配方相近的复合肥。机插秧同步侧深基施，分蘖期每亩追施尿素 5 kg。中稻（再生稻）还需在头季稻抽穗期施用配方为 12-5-18 的复合肥 20 kg。

（三）精准作业

1. 合理选用侧深施肥机具

推荐气吹式送肥机具，应带肥料堵塞、漏施报警装置，排肥性能应符合 DG/T105-2019 要求。

2. 调试农机具

调整开沟器高度、排肥口距秧侧向距离，测试排肥量，依据插秧密度调试穴距和取秧量。

3. 精细作业

作业开始时，应慢慢平缓起步、匀速作业。作业过程中应注意施肥孔堵塞、漏施等；不准倒车，掉头转弯时停止插秧与排肥，应避免缺株、倒伏、歪苗、埋苗。作业完毕后应排空肥箱及施肥管道中的肥料并做好清洁，以备下次作业。

水稻机插秧同步侧深施肥机——装载秧苗　　水稻机插秧同步侧深施肥机——作业
图／操安永、袁高华　　　　　　　　　　图／操安永、袁高华

（四）注意事项

建议水稻侧深施肥区域前茬作物以油菜绿肥为主，可减少秸秆对侧深施肥作业的影响。

第二节　油菜（小麦）种肥同播技术

一　技术概述

油菜（小麦）种肥同播技术就是在油菜（小麦）播种时，将种子和缓控释肥按有效距离同时播入田间的一种操作模式，既可提高农民施肥精准度，又省工、省时、省力，值得大力推广。

采用种肥同播技术可将种子和肥料一次性施入地下，不仅可为农民节省各项成本，而且能实现增产增收。采用该技术，有助于实现苗齐、苗壮，减少多苗争肥现象；有助于控制播种密度，保证田间通风透光良好；有助于避免后期追肥时出现伤根、伤苗，使植株正常生长。传统施肥方式不仅需要大量劳动力，而且容易造成肥料养分流失，肥料利用率较低。种肥同播利用机械达到"深松旋耕，宽幅精播"的目的，将种子、肥料同时播于土层中，以有效解决以上问题。

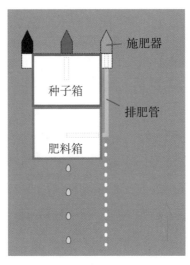

种肥同播示意图　图 / 韩天

二　技术要领

（一）油菜种肥同播技术

油菜种肥同播技术步骤为选种→肥料选择→整田→种肥同播→机器维护，具体步骤如下。

1. 油菜选种

选择早熟、分枝数多、含油量高、植株矮的油菜品种，如中双 11 号、大地 199、中油杂 19 等。通过筛选去除坏种，提高种子质量。

2. 肥料选择

底肥要选择颗粒状的复合肥、复混肥或缓控释肥。推荐施用油菜专用缓控释配方肥，氮磷钾配比为 20-7-8 和 25-7-8 两种，必须含硼（每亩含硼砂 0.7 ~ 1 kg），提倡施用含镁肥料。

3. 整田标准

用旋耕机旋耕田块，翻耕深度应 ≥ 15 cm，土壤板结或犁底层较浅的田块时应适当增加耕深。用开沟机进行开沟，按 2 ~ 2.5 m 开沟分厢，围沟宽、深各 20 ~ 30 cm。开好厢沟和围沟，然后平整厢面。

4. 种肥同播操作方法

选择适宜的种肥同播机，应能调整播种量、行距、株距、施肥量、施肥深度，以及肥料与种子之间的距离。播种量为每亩 0.25 kg。

施用油菜专用缓控释肥时，亩产油菜籽 130 kg 左右时建议施用 40 kg，亩产 150 kg 左右时建议施用 50 kg，亩产 180 kg 及以上时建议施用 60 kg，后续不需要进行追肥。施肥机施肥量应调整到略高于肥料计算施用量。

施用复合肥或复混肥时，施肥量按 60% 基肥、20% 越冬肥、20% 薹肥进行分配，基肥、种肥同播，施肥机施肥量调整为每亩 30 kg，越冬期和薹期每亩分别追施尿素 6 ~ 7 kg，追施钾肥 1 ~ 2 kg。

种肥同播时肥料应施于种子侧下方 5 ~ 7 cm，播种机各行的播量要一致，在播幅范围内落籽要分散均匀，无漏播、重播现象。

5. 机器维护

播种作业完成后，清洗干净肥料箱、排肥管及施肥器，以免剩余的化肥损伤机具部件。

（二）小麦种肥同播技术

小麦种肥同播技术步骤为选种→肥料选择→整田→种肥同播→机器维护，具体步骤如下。

1. 小麦选种

选择分蘖能力强、成穗率高的小麦品种，如鄂麦 006、农麦 126 等。播种前要对种子进行精选处理，要求种子的净度不低于 98%，纯度不低于 97%，发芽率达 95% 以上。

2. 肥料选择

底肥要选择颗粒状的复合肥、复混肥或缓控释肥，氮磷钾配比为 26-12-8。推荐使用小麦专用缓控释肥。

3. 整田标准

用旋耕机旋耕田块，用开沟机进行开沟。翻耕深度应 ≥ 15 cm，土壤板结或犁底层较浅的田块时应适当增加耕深。按宽 2 ~ 2.5 m 开沟分厢，围沟宽、深各 20 ~ 30 cm；开好厢沟和围沟，然后平整厢面。根据田块性状制订作业路线，防止漏耕、重耕。

4. 种肥同播操作方法

选择适宜的种肥同播机，应能调整播种量、播种深度、行距、株距、施肥量、施肥深度、肥料与种子之间的距离。

播种量要根据所选品种的分蘖成穗率高低及种子发芽率等特性而定，大穗型品种分蘖能力相对较弱，播种量应在 10 ~ 12 kg；小穗型品种分蘖能力相对较强，播种量应在 7 ~ 8 kg。播种深度一般应控制在 3 cm 左右，沙土和干旱地区应适当增加 1 ~ 2 cm，深浅要一致，镇压要密实。

专用缓控释肥料一次性施用方法。施用量为每亩 40 ~ 50 kg，施肥机施肥量调整为最大每亩 50 kg，施肥深度要在种子侧下方 5 cm，尽量不和种子在同一垂直平面内。施肥量不要过多，种肥间距不能过小，否则容易造成"烧种"或"烧苗"。施用小麦专用缓控释肥不需要进行追肥，但要根据情况及时供应越冬水和返青水。

施用复合肥或复混肥方法。氮肥按 60% 基肥、20% 越冬肥、20% 拔节肥或者按 50% 基肥、30% 越冬肥、20% 拔节肥进行分配。基肥、种肥同播，施肥机施肥量调整为每亩 30 kg。越冬期和拔节期追肥使用尿素，每亩追施 5~6 kg。

将种子与肥料分别装入容器内进行播种与施肥，切勿将种子与肥料混合。播种机各行的播量要一致，在播幅范围内落籽要分散均匀，无漏播、重播现象。

5. 机器维护

播种作业完成后，清洗干净肥料箱、排肥管及施肥器，以免剩余的化肥损伤机具部件。

水肥一体化技术

一　技术概述

水肥一体化技术，指灌溉与施肥融为一体的农业新技术。水肥一体化是借助压力系统（或地形自然落差），将可溶性固体或液体肥料，按土壤养分含量和作物种类的需肥规律和特点，配兑成的肥液与灌溉水一起通过可控管道系统供水、供肥，使水肥相融后，通过管道和滴头形成滴灌，均匀、定时、定量浸润作物根系发育生长区域，使主要根系土壤始终保持疏松和适宜的含水量；同时根据不同作物的需肥特点，土壤环境和养分含量状况，作物不同生长期需水、需肥规律情况进行不同生育期的需求设计，把水分、养分定时定量，按比例直接提供给作物。

喷灌及膜下滴灌技术在菜心（左图）及大棚豇豆（右图）上的应用　图/朱文革

该项技术适宜于有井、水库、蓄水池等固定水源，且水质好、符合微灌要求，并已建设或有条件建设微灌设施的区域推广应用。主要适用于设施农业栽培、果园栽培和棉花等大田经济作物栽培，以及经济效益较好的其他作物。

该技术的优点是灌溉施肥的肥效快，养分利用率提高，可以避免肥料施在较干的表土层易引起的挥发损失、溶解慢，最终肥效发挥慢的问题；尤其避免了铵态和尿素态氮肥施在地表挥发损失的问题，既节约氮肥又有利于环境保护。因此，水肥一体化技术使肥料的利用率大幅度提高，同时大大降低了设施

蔬菜和果园中因过量施肥而造成的水体污染问题。由于水肥一体化技术通过人为定量调控，满足作物在关键生育期"吃饱喝足"的需要，杜绝了任何缺素症状，因而在生产上可达到作物的产量和品质均良好的目标。

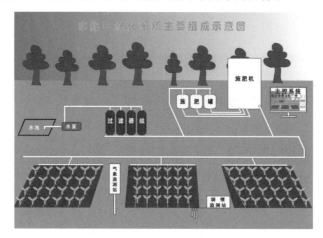

水肥一体化系统主要组成示意图　图/韩天

二　技术要领

水肥一体化是一项综合技术，涉及农田灌溉、作物栽培和土壤耕作等多方面，其主要技术要领包括以下四方面。

1. 建立一套滴灌系统

在设计方面，要根据地形、田块、单元、土壤质地、作物种植方式、水源特点等基本情况，设计管道系统的埋设深度、长度、灌区面积等。水肥一体化的灌水方式可采用管道灌溉、喷灌、微喷灌、泵加压滴灌、重力滴灌、渗灌、小管出流等。特别忌用大水漫灌，否则容易造成氮素损失，同时也降低水分利用率。

2. 设计施肥系统

在田间要设计为定量施肥，包括蓄水池和混肥池的位置、容量、出口、施肥管道、分配器阀门、水泵肥泵等。

3. 选择适宜肥料种类

可选液态或固态肥料，如氨水、尿素、硫铵、硝铵、磷酸一铵、磷酸二铵、氯化钾、硫酸钾、硝酸钾、硝酸钙、硫酸镁等肥料；固态以粉状或小块状为首选，要求水溶性强，含杂质少，一般不应该用颗粒状复合肥（包括中外产品）；如果用沼液或腐殖酸液肥，必须经过过滤，以免堵塞管道。

4. 灌溉施肥的操作

（1）肥料溶解与混匀。施用液态肥料时不需要搅动或混合，一般固态肥料需要与水混合搅拌成液肥，必要时分离，避免出现沉淀等问题。

（2）施肥量控制。施肥时要掌握剂量，注入肥液的适宜浓度大约为灌溉流量的 0.1%。例如灌溉流量为每亩 50 m³，注入肥液大约为每亩 50 L，过量施用可能会使作物死亡并造成环境污染。

（3）灌溉施肥的程序分三个阶段。第一阶段，选用不含肥的水湿润；第二阶段，灌溉肥料溶液；第三阶段，用不含肥的水清洗灌溉系统。

水肥一体化系统　图／程兰兰

第四节 叶面施肥技术

一 选择适宜的化肥品种

在作物生长初期，为促进其生长发育，应选择调节型叶面肥；若作物营养缺乏或生长后期根系吸收能力衰退，应选用营养型叶面肥。生产上常用于叶面喷施的化肥品种主要有尿素、磷酸二氢钾、过磷酸钙、硫酸钾及各种微量元素肥料。

二 喷施浓度要合适

在一定浓度范围内，养分进入叶片的速度和数量，随溶液浓度的增加而增加，但浓度过高容易发生肥害，尤其是微量元素肥料。一般大中量元素（氮、磷、钾、钙、镁、硫）使用浓度为 500～600 倍，微量元素铁、锰、锌使用浓度为 500～1000 倍，硼使用浓度为 3000 倍以上，铜、钼使用浓度为 6000 倍以上。

三 喷施时间要适宜

叶面施肥时，湿润时间越长，叶片吸收养分越多，效果越好。一般情况下保持叶片湿润时间在 30～60 分钟为宜，因此叶面施肥最好在下午 4 时无风时进行；在有露水的早晨喷肥，会降低溶液的浓度，影响施肥的效果。雨天或雨前也不能进行叶面追肥，因为养分易被淋失，达不到应有的效果。若喷后 3 小时遇雨，待晴天时补喷一次，但浓度要适当降低。

四 喷施要均匀、周到

叶面施肥要求雾滴细小，喷施均匀，尤其要注意喷洒生长旺盛的上部叶片和叶的背面。

五　喷施次数要适当，应有间隔

作物叶面追肥的浓度一般都较低，每次的吸收量是很少的，与作物的需求量相比要低得多。因此，叶面施肥的次数一般不应少于 2～3 次。同时，间隔期至少应在 1 周以上，喷洒次数不宜过多，防止造成肥害。

六　叶面肥混用要得当

叶面追肥时，将两种或两种以上的叶面肥合理混用，可节省喷洒时间和用工，其增产效果也会更加显著。但肥料混合后必须无不良反应或不降低肥效，否则达不到混用目的。另外，肥料混合时要注意溶液的浓度和酸碱度，一般情况下溶液 pH 值在 7 左右、中性条件下利于叶部吸收。

七　在肥液中添加湿润剂

作物叶片上都有一层厚薄不一的角质层，溶液渗透比较困难。为此，可在叶肥溶液中加入适量的湿润剂，如中性肥皂液、质量较好的洗涤剂等，以降低溶液的表面张力，增加与叶片的接触面积，提高叶面追肥的效果。

八　使用叶面肥的时期

需要使用叶面肥的时期：①遭遇病虫害时（使用叶面肥有利于提高植株抗病性）；②土壤偏酸、偏碱或盐度过高，不利于植株吸收营养的时候；③盛果期；④植株遭遇气害、热害或冻害以后，选择合适的时间使用叶面肥有利于缓解症状。最好不要使用叶面肥的时期：①花期，花朵娇嫩，易受肥害；②幼苗期；③一天之中高温强光期。

叶面施肥　图 / 韩天

第五节　肥料与农药混合使用技术

农药与肥料混合是个复杂的问题，并非所有的农药和肥料都能任意混合。农药与化肥混用时应遵循以下原则。

一　混合后具有一定的稳定性，且不减低肥效和药效

例如过磷酸钙与扑草净施入土壤前直接混合，不会改变其除草活性，但如预先配制并长期保存（2~3个月），则会失去药效，因此，只能随混随用。多数有机磷农药在碱性条件下容易分解失效，含有氨态氮或水溶性磷酸盐的肥料与碱性农药混合，会使肥料有效成分降低。以上两种情况均不宜互相混用。

二　混合后对作物无害

一般来说，高度选择性的除草剂如2，4-D类，与化肥混用时不仅对作物无害，而且能提高除草效能。所以对麦类或禾本科作物可提倡2，4-D与化肥混合使用。而扑草净与液体肥料混用时，会增大对玉米的毒性，故不可混合使用。

三　混合者的施用时间、部位必须一致

肥料与农药混合的剂型有固体肥料和液体肥料两类。总的来说，固体农药直接混入固体肥料的规定不那么严格，而液体农药混入固体或液体肥料时应先了解各种农药同肥料混合后可能发生的变化，在没有把握的情况下可先在小范围内进行试验，证明无不良影响后才能混用。

异稻瘟净、稻瘟灵、敌百虫、硫菌灵、井冈霉素、叶蝉散、速灭威等农药

碳酸氢铵、氨水、草木灰、石灰氮、石灰等肥料

磷酸钙、硫酸铵、氯化铵等肥料

石硫合剂、波尔多液及松脂剂等碱性强的农药

常见液体农药与固体肥料混合禁忌　图／韩天

第六节　化肥减量化之新型肥料

一　缓释肥料

缓释肥料又称缓效肥料或控释肥料,其肥料中含有养分的化合物在土壤中释放速度缓慢或者养分释放速度可以得到一定程度的控制以供作物持续吸收利用。一般是指由于化学成分改变或表面包涂半透水性或不透水性物质,而使其中有效养分慢慢释放,保持肥效较长的氮肥。缓释氮肥的最重要特性是可以控制其释放速度,在施入土壤以后逐渐分解,逐渐为作物吸收利用,使肥料中养分能满足作物整个生长期中各个生长阶段的不同需要,一次施用后,肥效可维持数月至一年以上。

优点:减少肥料养分,特别是氮素在土壤中的损失;减少施肥作业次数,节省劳力和费用;避免发生由于过量施肥而引起的对种子或幼苗的伤害。

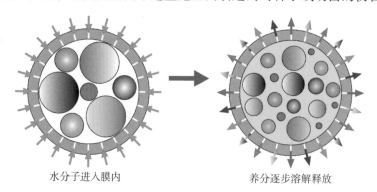

水分子进入膜内　　　　　　养分逐步溶解释放

缓释肥原理示意图　图／韩天

(一)种类

缓释氮肥按其农业的化学性质可分为四种类型:合成有机氮肥、包膜肥料、缓溶性无机肥料、天然有机质为基体的各种氨化肥料。其中最主要的类型是合成有机氮肥和包膜肥料。

合成缓释氮肥主要品种有:脲甲醛、亚异丁基二脲、亚丁烯基二脲、草酰胺等。

包膜肥料主要品种有：硫黄包膜肥料、聚合物包膜肥料、石蜡包膜肥料、磷酸镁铵包膜肥料（如缓效碳酸氢铵）等。

（二）施用技巧

1.缓释肥料的施用量

首先，缓释肥料的施用量要根据肥料的种类来确定。缓释复合肥料，特别是作物专用型或通用型缓释复合肥，其氮、磷、钾及微量元素的配方比例是根据作物的需求和不同土壤中养分的丰缺情况来确定的，因此可视作物和土壤的具体情况比普通对照肥料减少 1/3 ~ 1/2 的施用量，施肥的时间间隔要根据肥料控释期的长短来确定。目前大田作物上大面积应用的通常是缓释肥料与速效肥料的掺混肥，其施用首先要考虑到包膜肥料的养分种类、含量及其所占的比例。例如某掺混肥料中仅含 30% 的硫包膜尿素，其他 70% 为常规速效复合肥，如果施用包膜尿素可以减少 1/3 施用量，则此肥料的施用量只能减少其中 30% 包膜尿素的 1/3 氮用量，仅比常规的掺混肥减少 10% 左右的用量，而且速效磷和钾的配比还要相应地提高，因为这种掺混肥中只控释氮而没有控释磷和钾。

缓释肥的施用量还要根据作物的目标产量、土壤的肥力水平和肥料的养分含量综合考虑后确定。如果作物的目标产量高，也就是说如果要达到高产或超高产的水平，就要相应提高缓释肥的施用量。另外，如果施用的是包膜尿素等单元素缓释肥料时，还应该根据土壤的肥力状况和作物的营养特性配施适当的磷钾肥。

2.缓释肥料在各种作物上的施用

（1）旱地作物。在旱地上施用缓释肥料可在翻地整地之前，将缓释肥用撒肥机或人工均匀撒于地表，然后立即进行翻地整地，使土壤与肥料充分混合，减少肥料的挥发损失。翻地整地后，可根据当地的耕作方式，进行平播或起垄播种。另外，也可以在播种后，在种子间隔处开沟施肥，施后覆土。

此外，还可以采用播种、施肥同步进行的机械进行作业，即前文提到小麦（油菜）种肥同播技术。播种施肥一次作业时应该注意防止由于肥料施用量集中或肥料与种子间隔太近而出现的烧种现象（间距 10 cm 以上）。

（2）水稻作物。水稻田应用缓释肥料应深施，利于肥料高效利用，且不易流失。例如前文提到的水稻机插秧侧深施肥技术。另外，也可以将缓释肥料与磷钾肥和中量、微量元素肥料按一定配比混合，在翻地前将肥料施于地表，然后将其翻入 15～20 cm 深的土壤中，再进行泡田、整地、插秧。

（3）薯类作物。对于马铃薯或甘薯用于底肥，适用硫酸型缓释肥，集中条施、沟施。

（4）豆科作物。对于花生、大豆等自身能够固氮的作物，肥料配方以低氮、高磷、高钾型为好，以提高作物本身的固氮能力。

（5）大棚蔬菜。在大棚蔬菜中施用缓释肥，宜作为底肥，适用硫酸钾型缓释肥，注意减少 20% 的施用量，以防止氮肥的损失，提高利用率。同时，能减轻因施肥对土壤造成次生盐碱化的影响，防止氨气对蔬菜幼苗的伤害。

二　水溶性肥料

水溶性肥料是一种可以完全溶于水的多元复合肥料。它能迅速地溶解于水中，更容易被作物吸收，而且其吸收利用率相对较高，更为关键的是它可以应用于喷滴灌等设施农业，实现水肥一体化，达到省水、省肥、省工的效能。

（一）水溶性肥料的优点

首先，与传统的过磷酸钙、造粒复合肥等相比，水溶性肥料具有明显的优势。其主要特点是用量少、使用方便、使用成本低、作物吸收快、营养成分利用率极高。这样一来，人们完全可以根据作物生长所需要的营养需求特点来设计配方。科学的配方可提高肥料利用率，不会造成肥料的浪费。其次，水溶性肥料是速效肥料，可以让种植者较快地看到肥料的效果和表现，随时可以根据作物不同长势对肥料配方做出调整。当然水溶性肥料的施用方法十分简便，可以随着灌溉水通过喷灌、滴灌等方式进行灌溉时施肥，既节水节肥，又节约了劳动力。在劳动力成本日益高涨的今天，水溶性肥料的效益十分明显。由于水溶性肥料随水灌溉施用，所以施肥极为均匀，这也为提高产量和品质奠定了坚实的基础。水溶性肥料一般杂质较少，电导率低，使用浓度十分方便调节，所以即使对幼嫩的幼苗也是安全的，不用担心引起烧苗等不良后果。

（二）种类

常见的水溶性肥料可分为：大量元素水溶肥料，中量元素水溶肥料，微量元素水溶肥料，含氨基酸水溶肥料，含腐殖酸水溶肥料，有机水溶肥料等。

（三）施用技巧

1. 避免直接冲施，要采取二次稀释

水溶性肥料比一般复合肥养分含量高，用量相对较少，直接冲施极易造成烧苗伤根、苗小苗弱等现象，二次稀释不仅利于肥料施用均匀，还可以提高肥料利用率。

2. 少量多次施用

由于水溶性肥料速效性强，难以在土壤中长期存留，少量多次是最重要的施肥原则，符合植物根系不间断吸收养分的特点，减少一次性大量施肥造成的淋溶损失。一般每次每亩用量为 3~6 kg。

3. 注意养分平衡

水溶性肥料一般采取浇施、喷施，或者将其混入水中，随同灌溉（滴灌、喷灌）施用。需要提醒的是，采用滴灌施肥时，由于作物根系生长密集、量大，对土壤的养分供应依赖性减小，更多依赖于通过滴灌提供的养分。如果水溶肥配方不平衡，会影响作物生长。另外，水溶肥千万不要随大水漫灌或流水灌溉等传统灌溉方法施用，以避免浪费肥料和施用不均。

4. 配合施用

水溶性肥料为速效肥料，一般只能作为追肥。特别是在常规的农业生产中，水溶肥是不能替代其他常规肥料的。要做到基肥与追肥相结合、有机肥与无机肥相结合、水溶肥与常规肥相结合，以便降低成本，发挥各种肥料的优势。

5. 尽量单用或与非碱性农药混用

水溶肥要尽量单独施用或与非碱性的农药混用，以免金属离子起反应产生沉淀，造成叶片肥害或药害。

6.避免过量灌溉

以施肥为主要目的灌溉时,达到根层深度湿润即可。不同的作物根层深度差异很大,可以用铲随时挖开土壤了解根层的具体深度。过量灌溉不仅浪费水,还会使养分流失到根层以下,作物不能吸收,浪费肥料。特别是水溶肥中的尿素、硝态氮肥(如硝酸钾、硝酸铵钙、硝基磷肥及含有硝态氮的水溶性肥)极易随水流失。

7.防止地表盐分积累

大棚或温室长期采用滴灌施肥,会造成地表盐分累积,影响根系生长。可采用膜下滴灌抑制盐分向表层迁移。

三 微生物肥料

微生物肥料又称生物肥料、接种剂或菌肥等,是指以微生物的生命活动为核心,使农作物获得特定的肥料效应的一类肥料制品。微生物肥料和微肥有本质的区别:前者是活的生命,后者是矿质元素。微生物资源丰富,种类和功能繁多,可以开发成不同功能、不同用途的肥料。而且微生物菌株可以经过人工选育并不断纯化、复壮以提高其活力,特别是随着生物技术的进一步发展,通过基因工程方法获得所需的菌株已成为可能。

(一)微生物肥料的种类

按其功能和肥效可分为以下几类:①增加土壤氮素和作物氮素营养的菌肥,如根瘤菌肥、固氮菌肥、固氮蓝藻肥;②分解土壤有机质的菌肥,如有机磷细菌肥料、综合性菌肥;③分解土壤难溶性矿物质的菌肥,如磷细菌肥料、钾细菌菌肥、菌根真菌肥料;④刺激植物生长的菌肥,如促生菌肥;⑤增加作物根系抗逆能力的菌肥,如抗生菌肥料、抗逆菌类肥料。

(二)施用技巧

温度、光照、酸碱度和渗透压等环境因素都能影响微生物的存活。储存微生物肥料应选择避光、低温环境条件。施用微生物肥料应防止长时间暴露在阳光下,以免紫外线杀死肥料中的微生物;微生物肥料不应直接与化肥混合施用,以免因渗透压的改变而抑制或杀死其中的有效菌等。

与其他肥料一样，正确地施用微生物肥料才能发挥其肥效。

微生物肥料的有效使用条件包括以下几种。

（1）忌与化肥、农药等直接合用、混用。

（2）与所使用地区的土壤、环境条件相适宜。微生物菌肥在持水量30%以上、温度为10～40℃、pH值为5.5～8.5的土壤条件下均可施用。但是，不同微生物的生态适应能力不同，因而微生物肥料在推广使用前，要进行科学的田间试验，以确定其肥效。

（3）对温度、水分有一定要求。在高温干旱条件下，生存和繁殖会受到影响，不能发挥良好的作用。应选择阴天或晴天的傍晚使用，并结合盖土、盖粪、浇水等措施，避免微生物肥料受阳光直射或因水分不足而难以发挥作用。

（4）根瘤菌、菌根真菌肥料等对应用作物有很强的专一性，使用时应予考虑。

四 土壤改良剂

土壤改良剂又称土壤调理剂，是指可以改善土壤物理性，促进作物养分吸收，而本身不提供植物养分的一种物料。土壤改良剂的效用原理是黏结很多小的土壤颗粒形成大的、水分稳定的聚集体。广泛应用于防止土壤受侵蚀、降低土壤水分蒸发或过度蒸腾、节约灌溉水、促进植物健康生长等方面。土壤改良剂具有保墒和增温作用，可以有效地提高土壤墒情，增加耕层地温，使作物生育期提早2～7天，土壤湿度增加5%左右。同时还能改良土壤结构，协调土壤水、肥、气、热及生物之间的关系，防止水土流失，增强渠道防渗能力，抑制土壤次生盐渍化，提高沙荒地的开发利用。主要适用于我国北方干旱、半干旱和作物生育期积温不足的地区，以及结构差的土壤，特别是缺水严重的旱地和坡沙地、盐碱地。

（一）土壤改良剂的种类

传统的土壤改良方法，如黏土中加沙土，沙土中加壤土等，添加的物质可称为天然土壤改良剂。现在多采用有机物提取物、天然矿物或人工高分子聚合物合成土壤改良剂。

1. 矿物类

如泥炭、褐煤、风化煤、石灰、石膏、蛭石、沸石、珍珠岩和海泡石等。

2. 天然和半合成水溶性高分子类

主要有秸秆类多糖类物料、纤维素物料、木质素物料和树脂胶物质。

3. 人工合成高分子类

主要有聚丙烯酸类、醋酸乙烯马来酸类和聚乙烯醇类。

4. 有益微生物制剂类

如海藻提取物、腐殖酸肥等。

（二）施用技巧

1. 施用量

一般以占干土重的百分率表示，若施用量过小、团粒形成量少，作用不大；施用量过大，则成本高，投资大，有时还会发生混凝土化现象。根据土壤和土壤调理剂性质选择适当的用量是非常重要的，聚电解质聚合物调理剂能有效地改良土壤物理性状的最低用量为 10 mg/kg，适宜用量为 100～2000 mg/kg。

2. 施用方法

固态调理剂施入土壤后虽可吸水膨胀，但很难溶解进入土壤溶液，未进入土壤溶液的膨胀性调理剂几乎无改土效果。因此，以前使用较多的为水溶性土壤调理剂，并多采用喷施、灌施的技术方法。但对于大片沙漠和荒漠的绿化和改良，由于受水分等条件的限制，喷施、灌施的技术难以适用。

使用前：土壤板结　　　　　　　　使用后：土质疏松

土壤改良剂功效　图／韩天

3. 施用时土壤湿度

以往普遍认为，适宜的湿度为田间最大持水量的 70% ~ 80%，最近，由于施用方法从固态施用到液态施用的改进，施用时对土壤湿度的要求与以前不同。研究证明，施用前要求把土壤耙细晒干，且土壤愈干、愈细，施用效果愈好。

4. 两种或两种以上调理剂混合使用

低用量的高分子絮凝剂（PAM）和多聚糖混合使用，改良土壤的效果明显提高。两种土壤调理剂混合，具有明显的正交互作用。

5. 土壤调理剂同有机肥、化肥配合使用

增加土壤有机质能起到改良土壤物理性状、提高土壤养分含量的双重作用。

第五章

农作物病虫害绿色防控技术

第一节　农业防治技术

农业防治就是综合利用农业生产措施，创造有利于作物生产发育，而不利于病虫发生的栽培环境，直接或间接地消灭病虫的发生和为害。其防治措施主要包括选用抗（耐）病虫品种、合理栽培、合理轮作、加强田间管理等。

一　选用抗（耐）病虫品种

选用抗病虫、较耐病虫的品种，淘汰往年发病重的品种，避免盲目引进高感病品种，可降低病虫害发生的概率，减少化学农药的使用。

二　合理轮作

采用栽培作物轮作换茬，切断有害生物的食物或寄主供应链，抑制有害生物数量积累。进行水旱轮作、粮菜轮作等，以减轻病虫害发生。

三　做好种子处理

播种前对种子进行消毒处理，包括晒种、浸泡、拌种、种子包衣等，可预防和控制土传、种传病害，地下害虫等。

四　培育无病虫壮苗

有条件的可购买嫁接苗，特别是瓜果作物应用嫁接苗防治土传病害效果显著。选择集中育苗，搞好苗床消毒，做好苗期水肥管理，保全苗、匀苗、壮苗。

培育无病虫壮苗（蔬菜集中育苗）　图 / 刘亚茹

培育无病虫壮苗（蔬菜嫁接苗）　图 / 刘亚茹

培育无病虫壮苗（水稻集中育苗）　图 / 刘亚茹

五 加强田间管理

实行低茬收割、秸秆粉碎还田、深耕深翻（深翻 20～30 cm），尽量避免作物秸秆裸露在土壤表层，把害虫翻到地面冻死或被鸟类取食。可结合灌水，改变土壤环境，破坏病虫越冬场所，降低病虫源基数。及时清洁田园，清除田间病虫叶枝果，集中销毁，减少病虫源。科学肥水管理，增加植物抗病性。

六 生态调控

在田埂和田边保留功能杂草，种植芝麻、大豆、波斯菊、紫花苜蓿等显花植物，涵养和保护寄生蜂、蜘蛛、黑肩绿盲蝽等害虫天敌。路边、沟边、机耕道旁种植香根草等诱集植物，丛距平均约 6 m，减少田间水稻螟虫取食为害。

第二节　生物防治技术

生物防治就是利用各种有益的生物或生物产生的杀虫、杀菌物质来防治病虫害。有益生物大致可分为病原生物、益虫和其他有益动物三类。以防治对象划分，生物防治主要包括以虫治虫、以菌治虫、以菌治病、益鸟和其他食虫天敌。

一　生物导弹治虫

（一）技术概述

生物导弹治虫就是利用卵寄生蜂传毒杀灭害虫，发挥病毒和卵寄生蜂的双重作用。赤眼蜂是一种卵寄生蜂，通过柞蚕卵繁殖生产赤眼蜂，制作成寄生蜂卵卡。其杀虫原理是：赤眼蜂在害虫的卵中寄生、孵化，吸食卵液的营养，阻止害虫的孵化。未被赤眼蜂寄生的害虫卵，害虫初孵幼虫将因赤眼蜂传播的病毒感染而致死。

（二）技术应用

主要用于农林果蔬茶作物的玉米螟、甜菜夜蛾、稻纵卷叶螟等鳞翅目害虫的防治。在害虫卵期使用，将卵卡挂在植株枝条或作物主脉上即可，每亩 4 ~ 6 枚，不能与化学杀虫剂同时使用。

生物导弹治虫　图 / 徐爱仙

二 性诱剂诱控害虫

（一）技术概述

性诱技术原理是利用人工合成的性外激素（性诱剂），引诱同种异性昆虫前来交配，结合诱捕器予以捕杀，减少田间雌雄成虫交配次数，从而达到降低田间虫量的目的。

（二）技术应用

主要用于甜菜夜蛾、斜纹夜蛾、稻纵卷叶螟、二化螟等害虫的防治。在害虫成虫期，集中连片使用性诱装备，每亩装1套。

甜菜夜蛾诱捕器　图／刘亚茹　　诱捕器在水稻田的应用　图／刘亚茹

斜纹夜蛾诱捕器　图／刘亚茹

三 使用生物农药防治病虫害

（一）技术概述

生物农药是指以真菌、细菌、病毒等微生物或其代谢产物为有效成分，防治害虫、病菌、杂草等有害生物的生物源农药。

（二）分类及应用

生产上最常用的生物农药主要有真菌制剂、细菌制剂、昆虫病毒制剂、农用抗生素四类。

（1）真菌类制剂主要有：白僵菌、绿僵菌，广泛用于防治玉米螟、水稻螟虫、食心虫、稻飞虱、叶蝉等害虫；木霉菌、寡雄腐霉菌可防治土传病害、灰霉病等病害。

（2）细菌类制剂主要有：苏云金杆菌、短稳杆菌，用于防治小菜蛾、甜菜夜蛾、水稻螟虫等鳞翅目害虫；枯草芽孢杆菌，用于防治稻瘟病、纹枯病、灰霉病或早疫病等病害；多粘类芽孢杆菌，用于防治赤霉病和多种土传病害（青枯病、枯萎病等）；蜡质芽孢杆菌，用于防治根结线虫、姜瘟病。

（3）昆虫病毒类制剂主要有：核型多角体病毒和颗粒体病毒等杆状病毒，主要用于防治棉铃虫、斜纹夜蛾、甜菜夜蛾、小菜蛾、茶尺蠖、黏虫等鳞翅目害虫。

（4）农用抗生素类制剂主要有：阿维菌素，广泛用于防治双翅目、鞘翅目、鳞翅目和有害螨等；多杀霉素，用于防治蓟马等害虫；井冈霉素，用于防治纹枯病；武夷菌素，用于防治白粉病；宁南霉素，用于防治病毒病；春雷霉素，用于防治细菌性病害。

（三）使用注意事项

生物农药应在病虫发生初期使用，确保药效。在清晨或傍晚施药，尽量避免阳光直射。不能与碱性、酸性农药混用。

第三节　物理防治技术

物理防治就是应用各种物理因子如光、电、色、温度、湿度等，及机械设备防治病虫害的方法，主要包括人工器械捕杀、诱集和诱杀、阻隔法、利用温湿度调控等。

一　风吸式太阳能杀虫灯诱控害虫

（一）技术概述

其原理是利用害虫较强的趋光、趋波、趋色的特性，将光的波段、频率设定在特定范围内，引诱成虫扑灯，然后风机转动产生气流将虫子吸入集虫箱中，使之风干、脱水达到杀虫的目的。可诱杀鳞翅目、同翅目等八个目几十种害虫成虫，包括斜纹夜蛾、稻纵卷叶螟、粉虱等，具有杀虫谱广、诱虫量大、对人畜安全等优点。

（二）技术应用

每 20 亩安装 1 台，杀虫灯悬挂高度因不同作物高度而异。一般悬挂高度为灯的底端（即接虫口对地距离）离地 1.2 ~ 1.5 m。在害虫的成虫发生高峰期，每晚 19 时至次日 3 时使用为宜。注意及时清理集虫箱内害虫。

风吸式太阳能杀虫灯诱控害虫　图／刘亚茹

二 色板诱控害虫

（一）技术概况

利用昆虫的趋色性制作各类有色粘板，在防治适期诱杀害虫。为增强对靶标害虫的诱捕力，可将害虫性诱剂、植物源诱捕剂或两者混配与色板组合，达到控制害虫、保护生物多样性的目的。

（二）技术应用

在虫口基数低时，使用黄色粘板诱捕蚜虫、粉虱，使用蓝色粘板诱捕蓟马，使用蓝色或绿色粘板诱捕蝇类害虫。在茶树等灌木园、蔬菜地里，色板高过作物 15～20 cm，每亩放 15～20 个。在果树上，色板挂于树上朝南方位，每1～2 棵树挂 1 个。

色板诱控害虫　图 / 徐爱仙

科学安全用药技术是指使用高效、低毒、低残留、环境友好型农药，优化集成农药的轮换使用、交替使用、精准使用和安全使用等配套技术。使用植保无人机、自走式喷杆喷雾机等高效施药器械，提高农药利用率。加强农药抗性监测与治理，普及规范使用农药的知识，严格遵守农药安全使用间隔期。通过科学合理使用农药，最大限度降低农药使用造成的负面影响。

一　农药助剂增效技术

（一）技术概述

农药助剂是农药制剂加工或使用中添加的，用于改善药剂理化性质的辅助物质。农药助剂本身无生物活性，但可以有效降低药液表面张力，增加农药雾滴在植物叶片蜡质层的铺展性能和耐雨水冲刷能力，并促进有效成分在昆虫、病菌等靶标对象内的吸收和传导，显著增强防治效果。

（二）技术应用

目前生产中最常用的农药助剂类型为喷雾助剂，主要种类有四种：非离子表面活性剂、有机硅表面活性剂、矿物源增效剂和植物源增效剂等。化学农药与助剂采用二次稀释法进行混合稀释，先将化学农药和一半体积的水混合均匀，再把助剂和另外一半体积的水混合均匀，最后把二者混合在一起搅匀备用。非离子和有机硅表面活性剂一般稀释 3000 倍，矿物源和植物源增效剂一般稀释 1000 倍。

二　精准施药技术

（一）技术概念

精准施药技术是通过传感探测技术获取喷雾靶标，即农作物与病虫草害的信息，利用计算决策系统制订精准喷雾策略，驱动变量执行系统或机构实现实时、非均一、非连续的精准喷雾作业，最终实现按需施药。利用精准施药技术与高效施药装备可有效减少农药使用量、提高农药利用率、减少农药对环境的污染。

（二）技术应用

近年来，我国精准施药装备的发展迅速，装备种类繁多，例如目前国内广泛使用的自走式作物喷杆喷雾机、植保无人机等药械，其喷雾的雾滴更小，穿透性更强，在作物上沉积均匀、附着率高，防治效果好，可以显著提高农药利用率。

无人机精准施药技术　图 / 刘亚茹

第五节 农药减量化技术实例

受耕作制度、气候、生产方式、农业投入品等诸多因素影响,农作物病虫害不断表现出新特点,防治难度不断增加。化学防治长期以来在病虫害防治中占主导地位,生态环境、作物生产安全、农产品质量安全受到极大的威胁。为了保障生态环境安全、作物生产安全、农产品质量安全,促进农业绿色高质量发展,大力推广农业防治、生态调控、生物防治、物理防治等绿色防控技术,可以减少农药使用量。农药减量化技术主要包括灯光诱控、色板诱控、生物导弹防治技术、生物农药防治技术、性诱剂诱控技术、科学用药技术等。

一 水稻农药减量化技术应用实例

武汉地区水稻种植面积 150 万亩,常年主要发生的病虫害有:稻飞虱、稻纵卷叶螟、二化螟、纹枯病、稻瘟病、稻曲病等。通过农药减量化技术的应用推广,水稻病虫为害损失率控制在 5% 以下,化学农药使用减少 23% 左右。

(一)风吸式太阳能杀虫灯诱杀技术

每 20 亩安装 1 台,高度 1.2 ~ 1.5 m,4 月底至 10 月上旬开灯控制螟虫、稻飞虱。注意及时清理集虫箱内害虫。

(二)性诱剂诱杀技术

于稻纵卷叶螟蛾始见期至蛾盛末期,田间设置稻纵卷叶螟性信息素和干式飞蛾诱捕器,诱杀雄蛾。性信息素诱捕器应大面积连片均匀放置,或以外围密、内圈稀的方式放置。平均每亩设置 1 套,水稻苗期诱捕器下端距地面 50 cm,中后期随植株生长进行调整,低于稻株顶部 10 ~ 20 cm。1 个诱捕器内安装 1 枚诱芯,诱芯每 4 ~ 6 周更换 1 次。诱捕器可重复使用,应及时清理诱捕器内的死虫。

(三)生物导弹防治技术

在害虫卵期使用,每亩 4 ~ 6 枚生物导弹,3 ~ 5 天投放 1 次,共投放 2 ~ 3

次。将卵卡挂在植株枝条或主脉上即可。不能与化学农药同时使用，以保证释放到田间的赤眼蜂能够有效羽化、存活，一般在傍晚时放蜂。

（四）生物农药防治技术

主要药剂为 24% 井岗霉素 A、32000 IU Bt、1000 亿枯草芽孢杆菌等。在孕穗期纹枯病病株率达 15%～20% 时，亩用 24% 井岗霉素 A 30 mL 防治；在各代螟虫卵孵化高峰，亩用 32000 IU Bt 100 g 防治螟虫；在孕穗期、破口期、扬花灌浆期，分别使用 1000 亿枯草芽孢杆菌防治稻瘟病和稻曲病，亩用 80 g。

（五）科学用药技术

1. 种子处理

种子处理剂是一类用于种子表面处理的农药。与茎叶处理农药相比，可降低农药施用量和施用次数、减少环境污染、减少田间操作工序，省工、节本、增效。用量仅为大田用量的 1/3 左右。用咪鲜胺、氟唑菌苯胺等农药处理种子可防治稻瘟病、稻曲病、纹枯病。

2. 绿色助剂减量增效

将助剂植物油（激健等）、萜烯类（苦楝油等）加入农药中喷雾，能提升药液在靶标体表的润湿、铺展、附着、渗透等能力，提高药效，减少农药的损失。

3. 精准施药

（1）高工效药械及技术。目前使用较多的施药机械有三种：工农 -16 型喷雾器、双船自走式高地隙喷杆喷雾机、农用植保无人机。工农 -16 型喷雾器喷洒部件落后、型号单一，跑、冒、滴、漏问题严重。水田用双船自走式高地隙喷杆喷雾机喷杆长 8 m，药箱一次可携带 100 L 农药，可完成从水稻幼苗到成熟期全程机械化喷药，作业效率高。农用植保无人机省药、省水、省时，降残，减污，与机动喷雾机常规用药剂量相比减药 40%。改良喷头后，农药利用率提高 35%～45%。旋转液力雾化喷头，可提高无人机作业质量和喷洒功效。

（2）防治适期及指标（表1）。

表1 农作物病虫害的防治适期及指标

防治对象	防治适期及指标
褐飞虱、白背飞虱	在水稻生长中后期，孕穗抽穗期百丛虫量1000头、穗期百丛虫量1500头时对准稻丛基部喷雾
稻纵卷叶螟	防治适期为卵孵化始盛期至低龄幼虫高峰期，防治指标为分蘖期百丛水稻束叶尖150个，穗期百丛水稻束叶尖60个
二化螟	分蘖期于枯鞘丛率达到8%～10%或枯鞘株率3%时施药，穗期于卵孵化高峰期重点防治上代残虫量大、当代螟卵盛孵期与水稻破口抽穗期相吻合的稻田
稻瘟病	分蘖期田间初见病斑时施药控制叶瘟，破口前3～5天施药预防穗瘟，气候适宜病害流行时7天后第2次施药
稻曲病	在水稻破口前7～10天（水稻叶枕平时）施药预防，如遇多雨天气，7天后第2次施药
纹枯病	水稻分蘖末期封行后和穗期病丛率达到20%时施药

（3）使用高效、低毒、低残留农药。亩用30%苯甲·丙环唑15～20 mL防治纹枯病；亩用40%富士一号或75%三环唑可湿性粉剂30 g，或春雷·三环唑80 g防治稻瘟病；亩用12.5%氟环唑悬浮剂30 mL，或30%苯甲·丙环唑乳油20 mL，或75%肟菌·戊唑醇水分散粒剂15 g防治稻曲病；亩用50%吡蚜·异丙威40 g，或80%烯啶·吡蚜酮15 g防治稻飞虱；亩用24%甲氧虫酰肼20 mL，或20%氯虫苯甲酰胺（康宽）10 mL，或10%阿维·氟酰胺30 mL喷雾防治二化螟；亩用16%阿维·茚虫威悬浮剂15 mL，或20%氯虫苯甲酰胺10 mL喷雾防治稻纵卷叶螟。

二　蔬菜农药减量化技术应用实例

武汉市蔬菜常年园面积90万亩，播种面积245万亩。种植种类有茄果类（茄子、辣椒、番茄等）、叶菜类（小白菜、大白菜、薯尖、菠菜等）、瓜类（黄瓜、瓠子、苦瓜、丝瓜等）、豆类（豇豆、菜豆、鲜食毛豆等）等共30多种。栽培方式既有设施蔬菜栽培，也有露地蔬菜栽培。主要病害有猝倒病、灰霉病、霜霉病、根腐病、枯萎病、黑腐病、软腐病、根结线虫病、早疫病、疫病、病毒病、菌核病。主要虫害有豆野螟、小菜蛾、斜纹夜蛾、甜菜夜蛾、黄曲条跳甲、烟粉虱、蚜虫、美洲斑潜蝇、菜青虫、蓟马。

通过农药减量化技术的应用推广，蔬菜病虫为害损失率控制在 5% 以下，化学农药使用减少了 27% 左右。

1. 农业防治技术

（1）清洁田园。清除杂草、植株残体，集中回收废弃物。生产期随时清除棚内摘除的病叶、病果，集中处理。

（2）高温闷棚。7—8 月，深翻土壤 30～40 cm，每亩加入鸡粪 4 m³ 与土壤翻耕均匀，浇透水，之后地表覆透明塑料膜，闷棚处理。根腐病病菌、枯萎病病菌、根肿病病菌、根结线虫等一些深根性土传病菌必须经过处理 30～50 天才能达到较好的效果，防效可达 80% 以上。

（3）深沟高畦、地膜覆盖栽培。对茄果类蔬菜及黄瓜、瓠瓜等蔬菜做成畦高 25 cm，畦宽 80 cm，沟宽 50 cm 的深沟高畦，畦面做成龟背形，畦面铺上地膜。地膜应一直铺到畦沟，两边用细土压实。

2. 生态控制技术

（1）温度调控。冬季采取保温加温措施，如大棚内设保温帘进行多层覆盖，利用电热线加温等。在蔬菜畦沟铺用干稻草，既可保温也可降低湿度。夏季采取降温措施，如遮阳网覆盖、喜阳与喜阴作物间作搭配，高秆和矮秆作物间作，以利用高秆作物茎叶为矮秆作物创造生态遮阴环境，如丝瓜、苦瓜架下栽培辣椒，可大大减少日灼病等危害。

（2）湿度调控。大棚膜采用无滴膜；应用地膜覆盖；膜下滴灌，移苗时，采取"暗槽表苗法"即先浇水，再表苗，栽苗后只覆土不浇水；支架或吊蔓栽培，可加强群体内的通风透光性，降低群体内的空气湿度，从而明显降低病虫害发生率。

3. 色板诱杀技术

主要用于大棚蔬菜，在虫口基数低时应用，当虫口密度较大时必须采取化学防治，压低虫口基数。挂板时间：苗期和定植期都可使用，保持不间断使用可有效控制害虫发展。悬挂位置：对低矮生蔬菜，应将粘虫板悬挂高于作物上部 15～20 cm 即可。对搭架蔬菜应顺行，使诱虫板垂直挂在两行中间植株中上部或上部。使用数量一般为每亩 30 片左右。可重复使用，当粘虫板粘满害虫

时，可用水冲掉，然后再悬挂，一般可反复使用2~3次。效果不佳时，应更换粘虫板，特别注意不要随便乱丢废弃的粘虫板，要有环保意识。

4. 性诱、灯诱、生物导弹防治技术

在武汉地区应用性诱剂防治斜纹夜蛾、甜菜夜蛾等。诱捕器设置高度一般为0.8~1.0 m，每亩设置1个。诱芯每30天换1次，换下的诱芯要回收集中处理，不能随意丢弃在田间。灯诱、生物导弹防治技术参照水稻应用实例。

5. 生物农药防治技术

主要药剂为32000 IU Bt、100亿短稳杆菌等。在小菜蛾、斜纹夜蛾、甜菜夜蛾等鳞翅目害虫卵孵盛期至幼虫2龄期之间亩用32000 IU Bt 150 g喷雾防治；或亩用100亿短稳杆菌80~100 mL喷雾防治。

6. 科学用药技术

（1）局部用药。大棚栽培蔬菜病虫害防治尽量应用熏烟法。茄果类蔬菜开花期，应用涂花器法，防治灰霉病及保花保果，这种局部施药可减少用药量，减少污染，提高防效。防治土传病害和地下害虫的施药方法主要是拌种法、种衣法、灌根法等。

（2）对症下药。各种农药都有一定的使用范围和防治对象。只有对症，才能做到经济有效；若不对症，后患难测。

（3）适时用药。根据病虫的发生规律和为害程度，确定防治适期。防治虫害，应在成虫产卵高峰期或幼虫初孵期进行。

（4）适量用药。必须按照农药使用说明和要求进行配制或根据当地试验、示范，得出经济有效的配药量。

（5）天时有利。施药后至少在未来的1天内无雨，效果才好。

（6）推广使用高效、低毒、低残留农药。在蔬菜上推广使用苯醚甲环唑、春雷霉素、啶酰菌胺、代森锰锌、噁霉灵、腐霉利、甲基硫菌灵、菌核净、链霉素、醚菌酯、密霉胺、嘧菌酯、霜脲氰·锰锌、霜霉威、异菌脲、乙烯菌核利、盐酸吗啉胍乙酸铜、阿维菌素、吡虫啉、啶虫脒、多杀霉素、氟虫脲、氟啶脲、溴虫腈、茚虫威、噻螨酮、甲氨基阿维菌素苯甲酸盐、联苯菊酯、苦参碱等农药。

第六章

其他新技术

第一节　光伏农业新技术

光伏农业也叫农光互补，是将太阳能发电、现代农业种植和养殖、现代设施农业等农业资源进行合理衔接，实现"板上发电、板下种养殖"的农业新技术。近年来，我国光伏发电技术突飞猛进，成为全球年装机量最大的国家，同时我国可利用从事光伏电站建设的荒地、荒山、荒滩以及屋顶等资源越来越少，已经不能满足市场的需要，光伏新能源与农业及相关产业融合发展已成为必然趋势。通过建设"农业＋光伏"工程实现清洁能源发电，同时将光伏科技与现代农业有机结合，发展现代高效农业，既具有无污染零排放的发电能力，又不额外占用土地，可实现土地立体化增值利用，实现光伏发展和农业生产双赢。

一　建造形式

（一）光伏和农业简单结合

在光伏阵列间距中，种植农作物，两者结构上是独立的，在空间布局上相互结合。选择种植低矮的农作物，或者提高光伏组件高度，让农作物获得较多的自然光和散射光，有利于农作物正常生长，同时由于农作物的高度低于光伏阵列，不会影响光伏发电。

光伏阵列下种植的羊肚菌　图 / 天成农光（湖北）科技有限公司

光伏阵列下种植的福鼎大白茶　图 / 天成农光（湖北）科技有限公司

（二）光伏农业大棚

光伏农业大棚是集太阳能光伏发电、智能温控系统、现代高科技种植为一体的温室大棚。大棚采用钢制骨架，上覆盖太阳能光伏组件，同时保证太阳能光伏发电和整个温室大棚农作物的采光需求。"光伏＋农业大棚"如同在农业大棚外表添补了一个分光计，可隔绝红外线，禁止过多的热量进入大棚。在冬季和黑夜的时候，能禁止大棚内的红外波段的光向外辐射，降低晚上温度下跌的速度，起到保温的作用。太阳能光伏所发电量，可以支持大棚的通风系统、灌溉系统和温控系统，还可以对植物进行补光、冬季供暖，提高大棚温度，使农作物生长速度更快。

1. 冬暖式反季节光伏农业大棚

冬暖式反季节光伏农业大棚棚体与传统蔬菜大棚一样，后墙采用土墙便于保温，棚顶使用钢结构，利用太阳能电池板和透光玻璃代替常用的塑料薄膜，保温效果更好。主要用于冬季种植反季节瓜果类蔬菜等。

2. 弱光型光伏农业大棚

弱光型光伏农业大棚棚体、棚顶使用钢结构，利用太阳能电池板代替常用的塑料薄膜。主要种植对光照要求低、保温效果要求高的作物，如一些耐阴观赏植物、食用菌类等。

3. 光伏养殖农业大棚

光伏养殖农业大棚是在钢结构连栋温室或大棚棚顶全覆盖太阳能组件，棚下可进行畜牧养殖。

4. 渔光互补养殖

渔光互补养殖就是在原有鱼塘、湖泊水面上安装光伏发电系统，在水体正常进行渔业养殖。光伏发电可通过提高支架架设光伏发电组件，既不影响水面渔业养殖作业，又能保证发电效果。

随着光伏支架系统的迭代进步，采用索结构柔性光伏支架系统建设渔光互补光伏电站，可以实现 10～60 m 大跨度、3～16 m 高度，光伏组件距离水面净高可达 2 m 以上。索结构柔性光伏支架系统相对传统支架管桩数量减少 75%，也就是可以把 1 亩 27 根管桩减少到 6 根，充分释放光伏组件下方空间。池塘桩基可优化设置在池埂边缘，高净空大跨度的支架系统既不会影响渔产养殖投喂及捕捞作业，又可以为鱼塘遮阴避热，还能保障鱼类不触电，光伏组件不受潮。

5. 光伏阵列温室大棚

光伏组件安装在向阳坡面，在结构上与农业大棚或阳光房结合为一体，可做联栋或单栋。温室内可从事蔬菜、瓜果、花卉或食用菌的育苗或生产种植。

二 光伏农业的优势

（一）开发绿色清洁能源，发展低碳经济

在众多的新能源中，太阳能作为一种取之不尽、用之不竭的清洁能源，极具增长潜力，在倡导节能环保、低碳经济的全球背景下，光伏农业蕴含着巨大的发展机会和市场空间。

（二）节约土地空间，节能降耗

不需要占用大量建设用地建设电站，可以就地转化电力，为农业生产和农产品加工企业直接供电，实现就近消纳，降低电力储能压力和远距离传输损耗，能源综合利用率大幅提升。

（三）改变农业投资大、回收周期长的情况

棚顶光伏电站的建设运营，可以摊薄农业大棚建设成本投入，同时提升大棚质量、功能和使用年限，缩短投资回报周期。"板上发电，板下种养"的模式既可以获得农业种养殖的收益，又可以获得光伏发电的收益，一块土地两份收益，大大提高了土地的利用率。

（四）社会效益显著

发展光伏农业，可开发高科技农业产业，改善农业基础设施，提供就业机会，提高农民收入，培训光伏农业新技术生产经营和管理人才，助力乡村振兴产业发展和人才振兴；还可以降低碳排放，为我国实现碳达峰和碳中和目标做贡献。

三 光伏农业新技术开发关键

（一）搞好规划和设计

调查了解项目所在地的地理条件（气候、土壤、温湿度、水文、人畜活动），农作物的生存条件（光照、灌溉、虫害），农产品的销售渠道。规划设计农业大棚面积、农业产品品种、农业基础设施建设方案、农作物育苗方案、农作物生长期间肥料和水源等来源，结合光伏电站布置方式、发电量、电气和土

建方案、施工要点，分析总结农业与光伏之间如何进行优势互补，并提出可能存在的矛盾和隐患，提出相应的意见和建议。

（二）筛选适合发展光伏农业的种养殖品种

需要根据当地的土质条件、光照情况选择恰当的农作物。一般来讲，适合光伏农业的农作物以低矮、耐阴的作物为主，如部分蔬菜、茶叶、牧草、花卉苗木、中药材、水稻、叶用薯芋类等。大多数农作物还需要经过科技攻关选择出适合的新品种，目前已经有多个光伏农业研究中心在从事此项工作。大多数食用菌，如羊肚菌、香菇、木耳等都可作为光伏农业优选项目进行开发。大多数畜牧养殖和水产养殖品种可适合光伏农业，但仍有很多新技术，包括疾病防控、品种筛选、养殖技术等需要更深入的研究，以期获得更好的效益。

（三）实施光伏农业综合种养殖的注意事项

（1）从技术层面看，我国温室正处于传统塑料温室、玻璃温室向现代温室过渡的阶段，而且由于我国地域广阔，气候光照变化很大，南方的温室在夏季梅雨季节光照不够，不适合光伏发电；西北、东北地区冬季气候寒冷，温室需要保温，顶部需要覆盖草帘或棉被，而太阳能光伏很难适应重压。因此光伏农业技术还未完全成熟，尚处于研发阶段。各地要因地制宜进行光伏农业开发，并加强关键技术攻关。

（2）从可行性层面看，目前光伏农业缺乏统一的标准，因此在规划可行性论证时，最好请农业专家进行实地考察，了解当地气候环境条件、农作物生长条件，进行专业分析，确定适合种植的农作物品种及市场销售渠道，充分考虑光伏电站对农作物的影响，避免光伏电站影响农作物的生产和销售，重视农作物对光伏电站结构设施和设备产生的不利影响，充分考虑自然地理位置以及国家的补贴政策，综合计算农作物和光伏电站的经济收入，从而论证项目是否可行，千万不能盲目上马，以免造成不可挽回的损失。

（3）从政策层面看，虽然国家在用地政策、电价收购标准以及项目补贴方面做了规范，但涉及面并不广泛。不管政策如何界定，禁止占用耕地进行"非农化""非粮化"的任何开发都是硬杠杠。因此，光伏农业依旧是一片蓝海，其市场前景广阔。

第二节　土地复垦新技术

一　定义

土地复垦，是指对生产建设活动和自然灾害损毁的土地，采取整治措施，使其达到可供利用状态的活动。

二　责任区分

1. 生产建设活动损毁的土地

按照"谁损毁，谁复垦"的原则，由生产建设单位或者个人（以下称土地复垦义务人）负责复垦。

2. 历史遗留损毁的土地、自然灾害损毁的土地

由县级以上人民政府负责组织复垦。县级以上人民政府应当投入资金进行复垦，或者按照"谁投资，谁受益"的原则，吸引社会投资进行复垦。土地权利人明确的，可以采取扶持、优惠措施，鼓励土地权利人自行复垦。

三　主要整治措施及技术

1. 矿山场地平整

根据区域水文、地质、气候环境条件，结合边坡地形地貌特点、排水沟设置，原位整地。在确保施工安全的前提下，不大动土方，坡面修整只要能满足人工种植操作需要即可，尽量减少机械施工对坡体的负荷压力。

2. 边坡生态袋植生

生态袋由聚丙烯制成，具有耐腐蚀性强、微生物难分解、易于植物生长、抗紫外线、使用寿命长等特点，近些年主要运用于边坡防护绿化，如荒山矿山修复、高速公路边坡绿化、河岸护坡等。生态袋植生步骤依次是坡面初步改良、生态袋准备与安装、铺草皮、挖穴种植营养袋植物、覆盖土壤种子库、撒播草种、覆盖遮阴等。

3. 污染土地治理

一般采取物理、化学或生物措施去除或钝化土壤污染物。对污染严重的土壤，可先铺设隔离层再行覆土，或采取深埋措施，但需采取防渗措施。

4. 表土剥离

农用地表土为熟土，有肥力，对复垦土地尽快恢复可供利用状态具有重要价值，土地复垦义务人应当首先对拟损毁的耕地、林地、牧草地进行表土剥离，将其用于被损毁土地的复垦。

5. 土壤改良

根据土壤检测分析结果，确定改良方案。改良措施有施加无机肥、有机肥、微生物肥、土壤调理剂、生物炭和生石灰等，种植绿肥作物后翻压还田。

土地复垦，如何保证食用农产品安全？

禁止将重金属污染物或者其他有毒有害物质用作回填或者充填材料。受重金属污染物或者其他有毒有害物质污染的土地复垦后，达不到国家有关标准的，不得用于种植食用农作物。

四　土地复垦质量控制标准确定的原则

（1）应体现综合控制的原则，规定损毁土地通过工程措施、生物措施和管护措施后，在地形、土壤质量、配套设施和生产力水平方面所应达到的基本完成要求。

（2）应依据技术经济合理的原则，兼顾自然条件与土地类型，选择复垦土地的用途，因地制宜，综合治理。宜农则农，宜林则林，宜牧则牧，宜渔则渔，宜建则建。条件允许的地方，应优先复垦为耕地。

（3）应遵循保护土壤、水资源和环境质量，保护文化古迹，保护生态，防止水土流失，防止次生污染的原则。

（4）应遵循实事求是的原则，若损毁土地复垦遇到特殊条件不能达到《土地复垦质量控制标准》（TD/T 1036—2013）规定要求时，可结合当地实际情况科学合理确定土地复垦质量控制标准。

五　复垦质量控制标准

以耕地复垦方向为例。

（1）旱地田面坡度不宜超过 25°。复垦为水浇地、水田时，地面坡度不宜超过 15°。

（2）有效土层厚度大于 40 cm，土壤具有较好的肥力，土壤环境质量符合《土壤环境质量标准》（GB 15618—1995）规定的 II 类土壤环境质量标准。

（3）配套设施（包括灌溉、排水、道路、林网等）应满足《灌溉与排水工程设计规范》（GB 50288）《高标准基本农田建设标准》（TD/T 1033）等标准，以及当地同行业工程建设标准要求。

（4）3~5 年后复垦区单位面积产量，达到周边地区同土地利用类型中等产量水平，粮食及作物中有害成分含量符合《食品安全国家标椎　粮食》（GB 2715—2016）。

第三节　农用废弃物资源化利用

农用废弃物，是指农业生产、农产品加工、畜禽养殖业和农村居民生活排放的废弃物的总称。常见农用废弃物有作物秸秆、尾菜、畜禽粪便、畜禽尸体、农用薄膜、肥料包装等。

农用废弃物经过一定的技术处理可以被用来制作沼气、农作物肥料、食用菌的培养基、养殖业饲料、生物制氢和生物乙醇等工业原材料；同时，作为一种特殊形态的农业资源，对其资源化利用既能够完善农业产业链，又能持续改善农业生态环境。因此，推广与应用农用废弃物资源化利用技术具有重要意义。

一　秸秆资源化利用

秸秆资源化利用主要应用于生产一次性餐具、造纸、加工板材、稻草编织、制作牲畜饲料、种植食用菌、制作肥料等方面，主要分类为"五化"，即肥料化、饲料化、燃料化、基料化、原料化。

（一）秸秆还田技术

秸秆还田能为耕地提供丰富的有机质、氮磷钾和微量元素，有助于增强土壤蓄水保墒能力，巩固和提升粮食产能。秸秆还田技术主要有以下几种。

1. 秸秆犁耕深翻还田技术

秸秆犁耕深翻还田技术是利用拖拉机牵引犁具（铧式犁或翻转犁）将粉碎（或切碎）后抛撒在耕地表面的秸秆翻埋到耕作层以下，用耙将土壤耙平，秸秆在耕层以下自行腐解。秸秆粉碎方式主要有两种：一是在农作物机收的同时将秸秆粉碎（或切碎）抛撒在耕地表面。二是在人工收获作物后，利用还田机将秸秆粉碎。秸秆犁耕翻埋还田深度随不同地区、不同耕地类型（水田与旱地）、不同秸秆种类而有所不同，但以不低于 20 cm 为宜，旱地大规模农机化作业一般在 30 cm 以上。

技术特征：一是将秸秆翻埋到耕层以下，不影响下茬作物播种。二是大田

秸秆深翻还田只需将秸秆粉碎（或切碎）一遍，无须多次粉碎。

2.秸秆旋耕混埋还田技术

秸秆旋耕混埋还田技术以秸秆粉碎、破茬、旋耕、耙压等机械作业为主，将秸秆直接混埋在耕作层土壤中。秸秆旋耕混埋还田一般需要进行两遍秸秆粉碎，即在农作物收获时将秸秆粉碎一次，然后利用秸秆还田机将抛撒在耕地表面的秸秆再粉碎一次。经过两次粉碎，秸秆切碎长度 ≤ 10 cm，切碎长度合格率 ≥ 95%。秸秆混埋还田一般需要进行 2 ~ 3 次旋耕作业。东北地区的耙耕混埋可视为旋耕混埋的特例。

技术特征：一是机械作业适宜性广，既适合中小型拖拉机旋耕作业，也适宜大马力拖拉机旋耕或耙耕作业。二是可实现秸秆与土壤的充分混合，有利于促进秸秆快速腐熟。三是可选择多种复式作业，既可采用施肥、旋耕、播种与镇压等复式作业，也可选择施肥、条旋、条播与镇压等复式作业。

3.秸秆免耕覆盖还田技术

秸秆覆盖是保护性耕作的"三要素"（免耕覆盖、秸秆覆盖、深松）之一。秸秆免耕覆盖还田是在少（免）耕、秸秆地表覆盖的情况下，进行农作物直播或移栽，主要包括条带式秸秆覆盖还田、秸秆全覆盖还田、根茬覆盖还田、整秆秸秆垄沟覆盖还田。其中，条带式覆盖耕作已成为国际保护性耕作发展的主导方向。秸秆保护性耕作要求秸秆覆盖率不低于 30%，但 70% 以上秸秆覆盖率才能更好地发挥保护性耕作的效益。

技术特征：一是对干旱、半干旱地区农田保墒和降低风蚀、水蚀风险作用明显。二是区域适宜性广，对干旱、半干旱以外的地区也有很强的适应性。三是机械作业较为简单，显著节本降耗。四是有利于抑制杂草生长。

4.秸秆田间快速腐熟技术

秸秆田间快速腐熟技术是在农作物收获后，及时将秸秆均匀平铺农田，撒施腐熟菌剂，调节碳氮比，加快还田秸秆腐熟下沉，以利于下茬农作物的播种和定植，实现秸秆还田利用。该技术适用于降雨量较丰富、积温较高的地区，特别是种植制度为早稻—晚稻、小麦—水稻、油菜—水稻的农作地区。

技术特征：一是快捷方便、用工少，只需在作物收割后、灌水泡田前将腐熟剂撒在秸秆表面，不需要单独增加作业环节。二是秸秆转化快，腐熟剂产生的酶能迅速催化分解秸秆粗纤维，使秸秆能在 7～10 天基本软化并初步腐熟，旋耕犁耙不会缠绕。

5. 秸秆生物反应堆技术

秸秆生物反应堆技术是通过加入微生物菌种，在好氧条件下，将秸秆分解为二氧化碳、有机质、矿物质等，并产生一定的热量。二氧化碳可促进作物光合作用，有机质和矿物质为作物提供养分，产生的热量有利于提高温度。该技术按照利用方式可分为内置式和外置式生物反应堆。内置式主要是开沟将秸秆埋入土壤中，适用于大棚种植和露地种植；外置式主要是把反应堆建于地表，适用于大棚种植。

技术特征：秸秆生物反应堆技术可有效改善大棚生产的微生态环境，投资少，见效快，适合于农户分散经营。

6. 秸秆堆沤还田技术

秸秆堆沤还田是将秸秆与人畜粪尿等有机物进行堆沤腐熟，不仅能产生大量可构成土壤肥力的重要活性物质"腐殖质"，而且能产生多种可供农作物吸收利用的营养物质，如有效态氮、磷、钾等，是秸秆无害化处理和肥料化利用的重要途径。

技术特征：秸秆堆沤既可进行就地（田间地头）堆肥还田，也可用于生产高品质的商品有机肥。

7. 秸秆炭基肥生产技术

秸秆炭基肥生产技术是先通过热解工艺将秸秆转化为富含稳定有机质的生物炭（俗称秸秆炭），然后将生物炭与化肥、有机肥等按照一定的比例混合造粒，制成复合炭基肥，或进一步配混成炭基微生物肥，用以改善土壤结构及理化性状。生物炭也可直接还田。

> **禁止焚烧秸秆**
>
> 焚烧还田是已被禁止的秸秆还田方式。秸秆经焚烧，有效成分变成废气排入空中，大量能源被浪费，剩下的钾、钙、无机盐及微量元素可以被植物利用，并且在燃烧过程中杀死了虫卵、病原体及草籽。但是焚烧会造成资源浪费、环境污染、生态破坏，引发火灾，同时影响百姓生活，已成为一大公害。我们应坚决采取措施禁止焚烧秸秆。

技术特征：生物炭含量极其丰富，其中的碳元素被矿化后可长期固存在土壤中，固碳效果显著；复合炭基肥不仅能提高土壤有机质含量，而且能提升化肥肥效。

（二）秸秆饲料化利用技术

1. 秸秆青（黄）贮技术

秸秆青（黄）贮技术又称自然发酵法，是把秸秆填入密闭设施中（青贮窖、青贮塔或裹包等），经过微生物发酵作用，达到长期保存其青绿多汁营养成分的一种处理方法。其关键技术包括窖池建设、物料收集与配混、发酵条件控制等。在秸秆青（黄）贮的过程中，可添加微生物菌剂进行微生物发酵处理，也称秸秆微贮技术。

技术特征：青（黄）贮秸秆饲料具有营养损失较少、饲料转化率高、适口性好、便于长期保存等优点。秸秆微贮可进一步提高青（黄）贮饲料的质量，具有更广泛的适应性。

2. 秸秆碱化／氨化技术

秸秆碱化／氨化技术是指借助于碱性物质，使秸秆纤维内部的氢键结合变弱，破坏酯键或醚键，纤维素分子膨胀，溶解半纤维素和一部分木质素，从而改善秸秆饲料适口性，提高秸秆饲料采食量和消化率。秸秆碱化处理应用的碱性物质主要是氧化钙。秸秆氨化处理应用的氨性物质主要是液氨、碳铵或尿素。目前，我国广泛采用的秸秆碱化／氨化方法主要有：窖池法、氨化炉法、氨化袋法和堆垛法。

技术特征：秸秆碱化／氨化技术适用范围广，是较为经济、简便而又实用的秸秆饲料化处理方式之一。

3. 秸秆压块饲料加工技术

秸秆压块饲料加工技术是指将秸秆机械铡切或揉搓粉碎后，配混必要的营养物质，经过挤压而成的高密度块状饲料或颗粒饲料。

技术特征：一是秸秆压块饲料不易变质，便于长期保存。二是适口性好，采食率高，饲喂方便，经济实惠。三是体积小、密度大，可作为商品饲料进行长距离调运，特别是在应对草原地区冬季雪灾和夏季旱灾导致的饲料匮乏方面具有重要作用。

4.秸秆揉搓丝化加工技术

秸秆揉搓丝化加工技术是一种秸秆物理化处理手段，通过对秸秆进行机械揉搓加工，使之成为柔软的丝状物，有利于反刍动物采食和消化。

技术特征：通过揉搓丝化加工不仅分离了秸秆中纤维素、半纤维素与木质素，而且能够延长在反刍动物瘤胃内的停留时间，有利于同步提高秸秆采食量和消化率。该技术简单、高效、成本低，既可直接喂饲，也可进一步加工成高质量粗饲料。

5.秸秆挤压膨化技术

秸秆挤压膨化技术是将秸秆输入膨化机的挤压腔，依靠秸秆与挤压腔中螺套壁及螺杆之间相互挤压、摩擦作用，产生热量和压力，当秸秆被挤出喷嘴后，压力骤然下降，从而使秸秆体积膨大。

技术特征：经过膨化处理的秸秆饲料，可提高采食量和吸收率，裹包后保质期可达两年以上。

6.秸秆汽爆技术

秸秆汽爆技术是将秸秆装入汽爆罐中，向罐体中充入高温水蒸气，逐渐加压至 $1.5 \sim 2\,MPa$，将半纤维素降解成醛酸，并破坏纤维素结构中的酯键；在瞬间泄压的过程中，物料通过喷料口时，会因瞬时压力变化，产生剪切作用，从而进一步破坏秸秆中的纤维素结构，提高秸秆的消化率。

技术特征：一是秸秆汽爆技术可以降低木质素和中性洗涤纤维的含量，提高纤维素利用率，还可以减少原料中霉菌毒素的含量，进一步提高饲料的安全性。二是汽爆处理后的秸秆接种乳酸菌后，可以迅速进行厌氧发酵，有利于秸秆的长期保存。

（三）秸秆燃料化利用技术

1.秸秆打捆直燃供暖（热）技术

秸秆打捆直燃供暖（热）技术是将田间松散的秸秆经过收集打捆后，利用秸秆直燃锅炉将整捆秸秆进行直接燃烧，替代燃煤等化石燃料为村镇社区、乡镇政府、学校、医院、敬老院、温室大棚等场所进行集中供暖。该技术同样适用于村镇洗浴中心供热和农产品烘干供热等。燃烧技术以半气化燃烧技术为主。秸秆直燃锅炉为专用生物质锅炉，根据进料方式，可将秸秆直燃锅炉分为序批式和连续式两大系列。用于直燃的秸秆捆型与普通秸秆捆型无差别，分为方捆和圆捆。

技术特征：一是节本降耗，经济效益较好。与秸秆成型燃料集中供暖相比，减少了燃料加工环节；与燃煤相比，秸秆锅炉替代燃煤锅炉后，可利用原有供暖管道，无须新增基本建设，达到同等供暖效果，价格比较便宜。二是原料适应性强。含水率40%以内以及含土率较高的秸秆都可直接使用。三是热效率高。锅炉热效率达到80%以上。四是环境效益显著。专用锅炉配备除尘装置，污染物排放明显优于《锅炉大气污染物排放标准》，同时替代燃煤，明显减少二氧化碳排放。

2. 秸秆固化成型技术

秸秆固化成型技术是在一定条件下，利用木质素充当黏合剂，将松散细碎、具有一定粒度的秸秆挤压成质地致密、形状规则的棒状、块状或粒状燃料的过程。主要工艺流程为：对原料进行晾晒或烘干，经粉碎机进行粉碎，利用辊模挤压式、螺旋挤压式、活塞冲压式等压缩成型机械对秸秆进行压缩成型，产品经过通风冷却后贮存。

技术特征：秸秆固化成型燃料热值与中质烟煤大体相当，具有点火容易、燃烧高效、烟气污染易于控制、便于贮运、低碳排放等优点，可为农村居民提供炊事、取暖用能，也可以作为农产品加工业、设施农业（温室大棚）、养殖业等产业的供热燃料，还可作为工业锅炉、居民小区取暖锅炉和电厂的燃料。

3. 秸秆炭化技术

秸秆炭化技术是将秸秆粉碎后，在炭化设备中隔氧或少量通氧条件下，经过干燥、干馏（热解）、冷却等工序，将秸秆进行高温、亚高温分解，生成炭和热解气等产品的过程。秸秆炭化技术包括机制炭技术和生物炭技术。机制炭技术又称为隔氧高温干馏技术，是指秸秆粉碎后，利用螺旋挤压机或活塞冲压机固化成型，再经过700℃以上的高温，在干馏釜中隔氧热解炭化得到固型炭制品。生物炭技术又称为亚高温缺氧热解炭化技术，是指秸秆原料经过晾晒或烘干，以及粉碎处理后，装入炭化设备，使用料层或阀门控制氧气供应，在500～700℃条件下热解成炭。

技术特征：一是秸秆机制炭具有杂质少、易燃烧、热值高等特点，碳元素含量一般在80%以上，热值可达到23～28MJ/kg，可作为高品质的清洁燃料，也可进一步加工生产活性炭。二是生物炭呈碱性，很好地保留了细胞分室结构，官能团丰富，可制备为土壤改良剂或炭基肥料，在酸性土壤和黏重土壤改良、提高化学肥料利用效率、扩充农田碳库方面具有突出效果。三是生物炭的碳元素含量一般在60%以上，经固化成型（先炭化后固化）后，也可作为燃料使用。

4. 秸秆沼气技术

秸秆沼气技术是在厌氧环境和一定的温度、水分、酸碱度等条件下，秸秆经过微生物的厌氧发酵产生沼气的技术。目前我国常用的规模化秸秆沼气工程工艺主要有全混式厌氧消化工艺、全混合自载体生物膜厌氧消化工艺、竖向推流式厌氧消化工艺、一体两相式厌氧消化工艺、车库式干发酵工艺、覆膜槽式干发酵工艺。秸秆沼气关键技术包括秸秆预处理技术、与其他有机废弃物混合同步协同发酵技术、高浓度或干式发酵技术、沼气净化与生物天然气提纯技术、提纯二氧化碳再利用技术、沼渣沼液多级利用技术等。

技术特征：沼气净化提纯成生物天然气，可作为车用燃气或并入城镇天然气管网。沼渣沼液可直接施肥，也可用于制备栽培基质或有机肥料。

5. 秸秆纤维素乙醇生产技术

秸秆纤维素乙醇生产技术是以秸秆等纤维素为原料，经过原料预处理、酸水解或酶水解、微生物发酵、乙醇提浓等工艺，最终生成燃料乙醇的技术。关键工艺包括原料预处理、水解、发酵和废水处理。

技术特征：秸秆纤维素乙醇生产可直接替代工业乙醇生产所消耗的大量粮食，对保障国家粮食安全具有显著的促进作用。

6. 秸秆热解气化技术

秸秆热解气化技术是利用气化装置，以氧气（空气、富氧或纯氧）、水蒸气或氢气等作为气化剂，在高温条件下，通过热化学反应，将秸秆部分转化为可燃气的过程。可燃气的主要成分包括一氧化碳、氢气、甲烷。气化炉是秸秆热解气化的主体设备。按照运行方式的不同，秸秆气化炉可分为固定床气化炉和流化床气化炉。

技术特征：秸秆热解气化的燃气用途广泛，可直接用于发电，或经过净化后为工业锅炉和居民小区锅炉提供燃气，也可用于村镇集中供气。

7. 秸秆直燃（混燃）发电技术

秸秆直燃发电技术是以秸秆为燃料生产蒸汽，驱动蒸汽轮机，带动发电机发电。具体包括秸秆预处理技术、蒸汽锅炉的多种原料适用性技术、蒸汽锅炉的高效燃烧技术、蒸汽锅炉的防腐蚀技术等。秸秆混燃发电技术是指将秸秆与煤混合燃烧进行发电。

技术特征：一是秸秆消纳量大，可有效解决区域秸秆过剩问题。二是直接替代燃煤等化石燃料发电，节能减排效果突出。

8. 秸秆热电联产技术

秸秆热电联产技术由秸秆直燃发电技术和余热利用技术组合而成。余热利用主要通过热交换、热功转换、冷热转换等方式进行社区供暖（供热）、温室栽培、热（温）水养殖、农产品烘干等，亦可利用余热再发电。

技术特征：一是工程热效率高。秸秆直燃发电热能利用率为 40%～50%，秸秆热电联产热效率可达 80%～90%。二是在原有秸秆直燃发电工程基础上添加余热回收、热转换等装置，与新建供暖（供热）工程相比，费用更低，建设周期更短。

（四）秸秆基料化利用技术

1. 秸秆食用菌栽培技术

秸秆食用菌栽培技术是指以秸秆为主要原料生产食用菌。秸秆食用菌栽培技术包括秸秆栽培草腐菌类技术和秸秆栽培木腐菌类技术两大类。利用秸秆生产的草腐菌主要有双孢菇、草菇、鸡腿菇、大球盖菇等；利用秸秆生产的木腐菌主要有香菇、平菇、金针菇、茶树菇等。

技术特征：一是利用秸秆基料栽培食用菌技术成熟，资源效益和经济效益较高。二是利用秸秆部分替代木料种植木腐菌，具有节材代木、保护林木资源的作用。

2. 秸秆制备栽培基质与容器技术

秸秆制备栽培基质与容器技术是指将秸秆粉碎与生物预处理后，依据产品性能添加不同的黏合剂或调理剂，通过吸滤法或热压成型等方法，加工成各种植物栽培所需要的基质或容器，如营养钵、水稻育秧盘、芽菜基质盘、花钵、蔬菜育苗盘等。

技术特征：一是以秸秆为主要原料，取材方便，经济性好。二是具有根系固定、水气协调、养分固持等功能，有利于各种作物尤其是幼苗的培育和生长。三是具有生物可降解性，避免了塑料容器的二次污染，低碳减排。

（五）秸秆原料化利用技术

1. 秸秆人造板材生产技术

秸秆人造板材生产技术是秸秆经预处理后，在热压条件下形成密实而有一定刚度的板芯，然后在板芯的两面覆以涂有树脂胶的特殊强韧纸板，再经热压而成轻质板材。

技术特征：秸秆人造板材可部分替代木质板材，用于家具制造和建筑装饰、装修，具有节材代木、保护林木资源的作用。目前，我国秸秆板材胶黏剂已实现零甲醛。

2. 秸秆复合材料生产技术

秸秆复合材料生产技术是以秸秆纤维为主原料，添加一定比例的高分子聚合物和无机填料及专用助剂，利用特定的生产工艺制造出的一类可逆性负碳型人工合成材料。秸秆复合材料制备技术主要包括高品质秸秆纤维粉体加工、秸秆生物活化功能材料制备、秸秆改性炭基功能材料制备、超临界秸秆纤维塑化材料制备、秸秆/树脂强化复合型材料制备、秸秆/树脂轻质复合型材料制备等。

技术特征：根据不同的原材料配比和工艺流程，其制成品具有很广的延伸性和多元性，具有节材代木、保护林木资源的作用。

3. 秸秆清洁制浆技术

秸秆清洁制浆技术主要是针对传统秸秆制浆效率低、水耗能耗高、污染治理

成本高等问题，采用新式备料、高硬度置换蒸煮、机械疏解、氧脱木素、封闭筛选等组合工艺，降低制浆蒸汽用量和黑液黏度，提高制浆得率和黑液提取率。

技术特征：制浆废液可通过浓缩造粒技术生产腐殖酸、有机肥，实现无害化处理和资源化梯级利用，提升全产业链的附加值。

4. 秸秆编织网技术

秸秆编织网技术是利用专业机械将稻草、麦秸等秸秆编织成草毯，用于公路和铁路路基护坡、河岸护坡、矿山和城镇建筑场地渣土覆盖、垃圾填埋场覆盖、风沙防治等。为了促进草毯快速生草，提高工程防护效果，可在草毯机械生产过程中掺入植物种子、营养物质等。

技术特征：一是生态环保。可大范围替代塑料编织网，消除塑料环境污染。二是防护效果好。秸秆编织网更加密实，具有较好的固坡和防风固沙效果。三是绿化效果好。秸秆自然腐解后，可为土壤提供丰富的有机质和氮、磷、钾等营养元素，促进林草植被的快速萌发和生长。尤其是添加草种和营养基质的草毯，可实现草地快速郁闭。

5. 秸秆聚乳酸生产技术

秸秆聚乳酸生产技术是秸秆经粉碎、蒸汽爆破预处理后提取纤维素，纤维素经酶水解或酸水解后转化为糖类化合物，糖类化合物添加菌种发酵制成高纯度的乳酸，乳酸通过化学合成等工艺技术环节生成具有一定分子量的聚乳酸。聚乳酸可用于替代塑料，生产各类可降解的生产生活用品。

技术特征：一是聚乳酸具有良好的机械性能、抗拉强度及延展度，在生产生活中用途广泛。二是聚乳酸及其制品具有良好的生物可降解性，可用于生产可降解农膜。三是聚乳酸及其制品生物相容性良好，可用于生产一次性输液用具、免拆型手术缝合线等医疗用品。四是聚乳酸制品的废弃物处理方式对环境友好，不会产生有毒有害气体。

6. 秸秆墙体技术

秸秆墙体技术是以秸秆及其制品为原料进行各类建筑物（构筑物）墙体建造的技术。秸秆墙体主要有两类：一类是以秸秆草砖为保温层或填充料建造秸秆墙体，主要用于农业温室大棚、农产品保温（鲜）库等设施建造；另一类是将秸秆板作为秸秆墙体，主要用于各类房屋的建造。

技术特征：一是具有优良的保温隔热性能，节能降耗。二是节砖省土，保护土地。三是与传统的砖（土）墙温室大棚相比，占地面积少，保温调湿效果好，且可增加二氧化碳的浓度，有利于植物生长。拆除后可以就地还田，环保且经济性较好。

7. 秸秆膜制备技术

秸秆膜制备技术是以作物秸秆为原料，将发酵处理后的秸秆纤维原料，通过高浓打磨浆、废液提取净化、低浓细磨浆的机械处理方式制取秸秆生物浆，再通过成膜机制作成秸秆膜。该项技术可应用在作物有机栽培生产等领域。

技术特征：一是清洁无污染，水田 50~60 天、旱田 120 天内可完全生物降解还田。二是能够抑制杂草滋生，保墒效果显著，可适当替代普通塑料地膜。

二 尾菜资源化利用

尾菜是指新鲜蔬菜必须去掉的残叶，俗称烂菜叶子。直接丢弃会造成环境污染，滋生细菌。

（一）肥料化应用

1. 堆沤还田技术

按照田间简易堆沤方式，在田间地头挖沤肥坑，铺设尾菜，覆盖杂草和玉米秸秆等辅料，再均匀撒上碳酸氢铵、过磷酸钙和微生物菌剂，用塑料膜密封发酵。

2. 简易高温好氧堆肥技术

区别于堆沤还田技术，简易高温好氧堆肥技术增加了翻堆或简易通风装置要求，控制堆体水分，创造利于微生物发酵的环境，利于堆体短时间内升温，并保持堆体高温，从而实现无害化目标。

3. 直接还田技术

直接还田即将蔬菜废弃物直接或粉碎后还田，在土壤微生物的作用下缓慢

分解，释放出矿物质养分，供作物吸收利用的过程，是肥料化利用的传统方法。相较简易堆沤技术，省工省时优点突出，其他成效相似。较适合叶菜类尾菜。但是，尾菜还田后，与同一作物或近缘作物连作，会产生产量降低、品质变劣、生育状况变差的连作障碍。

4. 高温闷棚还田技术

即利用夏季棚内高温杀灭尾菜中的病原微生物，达到蔬菜尾菜无害化利用目的，同时增加设施大棚土壤肥力，实现设施蔬菜尾菜资源化循环利用。

5. 工厂化高温好氧堆肥技术

即将蔬菜废弃物与填充料按一定的比例混合，在合适的水分、通气条件下，使微生物繁殖并降解有机质，产生的生物热杀死堆体中的病原菌、虫卵及草籽，使有机物达到稳定化，实现蔬菜尾菜无害化、高值化、产业化利用。

（二）饲料化应用

1. 直接加工饲料

尾菜与新鲜蔬菜一样，富含多种维生素、矿物质、糖类、膳食纤维、有机酸和芳香物质等营养成分，作为饲料喂养牲畜，不但丰富了饲料资源，而且实现了尾菜的资源化利用。但是尾菜具有水分含量高、易腐败的特点，应当将尾菜经过适当处理后再作为饲料。工艺有制粉、制粒、制块、青贮、混合发酵等。

2. 资源化环境昆虫过腹转化技术

即黄粉虫（面包虫）规模化养殖加工，实现了尾菜的生态化处理。黄粉虫生产是一个提升尾菜附加值的过程，可以用作特种动物养殖的饲料。虫粪富含蛋白质和氨基酸，主要用于饲料。食用这种饲料的动物疾病少，可以减少药物用量，为绿色养殖的最佳饲料。

（三）能源化应用

1. 厌氧消化利用

即将蔬菜废弃物作为厌氧消化的基本原料，使其产生供人们使用的沼气、沼液和沼渣，其能源化（沼气）和肥料化（沼渣、沼液）利用有机结合的资源高效利用模式。湖北省武汉市农业科学院设计发明的"移动式沼气池"，以沼气池为纽带构建了"蔬菜温室尾菜资源化循环利用模式",将设施蔬菜尾菜放入移动式沼气池中,利用太阳能,将蔬菜废弃物进行厌氧发酵,产生的沼气用于温室供暖和温室增施二氧化碳气肥,沼液、沼渣作为蔬菜生产的有机肥料改良土壤,形成温室—沼气池尾菜—水肥气综合利用的循环生产模式,有效实现了蔬菜尾菜资源化循环利用。

2. 干式厌氧和有机肥加工联合模式

云南省昆明市嵩明县现有尾菜资源化利用处理厂,采用干式厌氧和有机肥加工联合处理方式,并配套预处理、臭气处理、沼气提纯、污水处理等系统。尾菜运至处理厂,首先进入预处理系统,固液分离后,尾菜汁进入 IC 厌氧反应器,菜渣进入厌氧发酵系统。尾菜中的有机物通过厌氧发酵生产沼气,沼气经储存单元、脱硫单元、提纯压缩等后,制作成压缩天然气(CNG)燃料,系统内的热量需求也来源于沼气。厌氧发酵后的废渣进入脱水系统后进行固液分离,产生脱水沼渣和沼液,脱水沼渣通过堆肥生产有机肥,沼液生产液态肥。全厂配套污水处理系统及臭气处理系统,可实现厂区废气、废液达标排放,整个处理系统实现果蔬废弃物无害化处理后,可产出 CNG、有机肥及液态肥等资源化产品。

三 畜禽粪便资源化利用

畜禽粪便是动物粪、尿与冲洗水的混合物,其中含有大量有机物和氮、磷等养分,病原微生物(甚至人畜共患病原微生物)以及抗生素和重金属残留等。如果处理得当,可成为植物养分、土壤有机质和生物能源的重要资源。不同形态畜禽粪便(固体粪便、养殖污水和粪浆)的资源化利用技术也不尽相同。

(一)固体粪便

最常用的处理技术是堆肥,利用好氧细菌、真菌等微生物的代谢产热所致高温(>60℃)有效杀灭病原体,同时将有机物质分解成稳定的有机物,包括农作物生长所需要的大量氮、磷以及氨基酸、蛋白质和胡敏酸等有机成分,对提高作物品质和改善土壤质量具有重要意义。

热解和气化是近年来粪便堆肥或固体粪便热化学转化新技术,能借助高温

杀灭固体粪便中的病原体,使粪便体积显著降低,并获取有用能量和增值产品,但目前研究尚处于对热解条件及其产品特性的探讨。

(二)养殖污水

养殖污水中也含有有机物、氮、磷等成分,但是肥料价值低,对其主要采取深度处理、养分浓缩利用等方式。养殖污水的深度处理有人工湿地净化、生物膜处理、厌氧好氧组合处理等技术。养分浓缩利用,通过微滤、超滤、纳滤和反渗透等非生物膜技术,截留养殖污水中有机物大分子、铵和磷酸盐等,以达到养分浓缩效果,经过滤截留后的出水可回用于养殖场生产。

(三)粪浆

粪浆即为液体粪便,其固体物含量高于养殖污水,将其直接作为有机肥料进行农田利用是一种经济实用且相对简单的方法。将液体粪便贮存后,经厌氧发酵成沼肥,再进行农田利用。

四 病死畜禽尸体资源化利用

传统深埋法能够有效处理病死畜禽尸体,但无法实现资源化利用。焚烧法、化制法、堆肥发酵法和高温生物降解法在对病死动物尸体进行处理处置后,能够不同程度上获得骨粉、油脂、有机肥等资源。

(1)焚烧法:将动物尸体置于焚烧容器内,加入燃料,在最短的时间内通过氧化反应或热解反应,实现畜禽尸体完全燃烧炭化,获得生物炭,用作土壤调理剂材料。

(2)化制法:将病死动物尸体投入到密闭水解反应罐中,通过向容器夹层或容器通入高温饱和蒸汽,使尸体在高温、高压或干热、高压条件下消解转化,处理后能够得到油脂、骨粉,化制残渣可制作有机肥。

(3)堆肥发酵法:指将动物尸体与秸秆、木屑等辅料分层堆置,利用微生物在一定温度、湿度条件下发酵分解动物尸体并产生生物热,最终生成生物有机肥。

(4)高温生物降解法:利用高温灭菌技术与生物降解技术有机结合,通过切碎、高温处理杀灭病死畜禽携带的病原微生物,再利用微生物降解有机质的能力将病死畜禽组织通过逐步降解转化为有机肥。

五　农用薄膜资源化利用

农用薄膜主要有地膜和棚膜。地膜主要为 PE 膜；棚模有 PE、PE/EVA、PVC 膜等，其实都是常说的塑料，不同类别而已。在回收再生利用时，应将不同材料的膜区分开来。农用薄膜一般较脏，且常夹带有泥土、沙石、草根、铁钉、铁丝等，回收利用前要除去铁质杂质并清洗。回收利用的方法主要是造粒，生成塑料颗粒用于薄膜再生产，或直接用热挤压方法生产塑料制品，如盆、桶等。

地膜选购要点

农民朋友购买地膜时一定要到正规的农资门市，注意查看地膜产品合格证，杜绝购买三无产品和超薄地膜，积极使用厚度大于 0.01 mm 的标准地膜。厚度不达标的地膜，不利于地膜机播作业和回收再利用，且易造成地膜碎片残留问题，对土壤和动物造成危害，甚至影响村容村貌。

六　肥料包装废弃物资源化利用

化肥、有机肥、部分土壤调理剂等的大容量包装袋，大多数使用者有重复使用的习惯，鼓励将这类包装袋用于家里其他包装用途，直至最后再按垃圾进行分类处理。对于其他具有再利用价值的肥料包装废弃物（包括部分微生物肥、水溶肥的包装瓶、罐、桶），鼓励引导使用者按照资源化回收利用市场机制，实现循环利用。对于无再利用价值的肥料包装废弃物（如金属膜小包装袋），由使用者定期归集，按照农村生产生活垃圾分类回收机制实现回收。

第四节　稻田画

　　彩色稻田也叫稻田画，起源于20世纪90年代初日本青森县南津轻郡田舍馆村。近几年，随着乡村休闲游的发展，我国也开始设计制作稻田画，作为休闲观光农业的一种形式和一种新形式的商业广告，吸引游客和商家，提升农业附加值，提高农民收入。

　　稻田画的主要材料是彩色水稻。其原理主要是利用水稻不同品种的叶片、茎干或稻穗呈现绿色、黄色、白色、紫色、红色等，通过设计图案，在田间作图，形成稻田画。

稻田画水稻品种　图／张似松

一 图案设计

结合本地特色文化，根据地块大小和可种植水稻的颜色对图案进行设计。设计的稻田画要具有市场吸引力，如可设计为特殊活动、名人名事、著名画作、卡通动漫、标语广告等图案，画作设计要主题鲜明、内容积极向上、可实施性强。

二 定点测绘

稻田画可利用数字定位技术或坐标纸来进行定点测绘，对图案进行分割定位，将全图划分为若干个点，并附上编号和 XY 坐标，形成网格控制系统和坐标系统。

三 实地测量和标记

将坐标化以后的数据导入测量机器，从基准点开始进行测量。一组至少需要 4 名工作人员（测量仪器操作、测量镜操作、插记号、记号结线各 1 名），再配合数据线进行秧苗栽植构成图案。

如果没有测量机器，先在农田里用传统画线器，画出九宫格，依坐标纸图样定出坐标，再牵线描出图样或字体轮廓，最后栽上秧苗构成图案。

四 栽种指定稻苗

用于稻田画的水稻品种很多，但应该尽量使用已经在本地成功种植过的品种，从中选择 5~6 种来种植，按照图案设计的色彩种植到指定的图斑。秧苗完全由人工栽植。

在栽种过程中需要特别注意的是，虽然整个创作过程技术含量并不高，但线的部分粗细非常难以控制。特别是过于细的线是无法表现的，并且由于稻苗在生长过程中会出现分蘖，所以应该尽量不要让作品出现 10 cm 宽度以下的线条。

另外，在测量中插过定位杆的地方一定要保证有种植稻苗。最后，由于视线方向的纵向上的稻苗密度非常难以控制，所以如果希望在地面就能清晰地观赏全作，那么在创作大幅作品时要尽量横向设计。

五　田间管理

在秧苗栽植完成到收获期，要有专门人员负责彩色秧苗的水、肥、药等管理，保障不同颜色的秧苗同步生长，呈现稻田艺术的最佳效果。

稻田画　图 / 熊恒多（上）、张似松（下）

参考文献

[1] 周莉 . 绿茶优质高产栽培技术要点 [J]. 世界热带农业信息，2023（03）：12-13.

[2] 刘玉琴 . 南平市生态茶园建设的做法与思考 [J]. 福建茶叶，2022，44（12）：28-29.

[3] 杨雪双，陈尔东 . 乡村振兴推动实现共同富裕：以安吉白茶为例 [J]. 智慧农业导刊，2022，
　　2（23）：82-84.

[4] 俞成然，张朝阳，李兆雄 . 高山生态茶园建设关键技术探析 [J]. 南方农业，2022，16（12）：
　　201-203.

[5] 宋晓虹 . 物联网技术在智慧农业中的应用及发展模式创新探索 [J]. 南方农机，2022，53
　　（23）：163-165.

[6] 吕美进，潘红燕 . 光伏农业的应用前景分析 [J]. 中国果树，2022（11）：132.

[7] 郭陈胜 . 福鼎有机白茶的栽植与采制技术 [J]. 福建茶叶，2022，44（11）：28-30.

[8] 王囡囡，张春峰，宋宝国，等 . 玉米水肥一体化研究 [J]. 现代农业研究，2022，28（11）：
　　27-29.

[9] 张飞云 . 水肥一体化技术在果园生产中的应用研究 [J]. 果农之友，2022（11）：49-60.

[10] 冯帆 . 智慧农业背景下物联网技术在现代农业中的应用 [J]. 农家参谋，2022（21）：25-27.

[11] 汤俊超，吴宜文，张姚，等 . 浅谈"光伏 + 农业"产业的发展模式 [J]. 中国农学通报，
　　2022，38（11）：144-152.

[12] 段伟朵 . 权威解读新农产品质量安全法（上、下）[J]. 农家致富，2022（20、21）：46-47.

[13] 段志坤 . 火龙果的生长特性及其设施栽培技术 [J]. 果树实用技术与信息，2022（10）：
　　27-32.

[14] 张水根，郑洁 . 浙西红心火龙果设施栽培技术 [J]. 新农村，2022（10）：26-27.

[15] 张守艳，宗峰 . 基于物联网技术的水肥一体化智能灌溉系统设计 [J]. 电子测试，2022
　　（19）：30-32+11.

[16] 郭文花 . 光伏农业大棚种植技术应用 [J]. 农机使用与维修，2022（09）：133-135.

[17] 陈玲英，任涛，周志华，等 . 鄂东稻田油菜免耕飞播技术模式的产量及效益评价 [J]. 湖
　　北农业科学，2022，61（09）：8-12.

[18] 王仁山 . 鲜食甜糯玉米早春膜下滴灌绿色高效栽培技术 [J]. 农业科技通讯，2022（09）：
　　168-169+173.

[19]姜楠.草莓水肥一体化栽培技术 [J].农业开发与装备,2022 (09):213-215.

[20]姜蓓蓓,魏兴章,黄纯勇,等.生态茶园建设关键技术简析 [J].种子科技,2022,40 (08):24-27.

[21]丁启权.刍议特色农业物联网技术的应用与推广实践 [J].智慧农业导刊,2022,2 (16):13-15.

[22]陈永超.熊蜂授粉技术在保护地番茄栽培中的应用 [J].农业科技通讯,2022 (08):236-238.

[23]王宏栋,韩双,韩冰,等.设施农业熊蜂授粉技术研究进展 [J].长江蔬菜,2022 (08):34-37.

[24]杨英,邓斌.鲜食玉米覆膜免耕一年三熟绿色优质高效栽培技术 [J].中国农技推广,2022,38 (08):42-43.

[25]吴涛.猕猴桃水肥一体化施肥技术 [J].果树实用技术与信息,2022 (08):29-30.

[26]秦慧敏,许飞飞,连蔚然.蔬菜水肥一体化技术与病虫害绿色防控技术探讨 [J].种子科技,2022,40 (15):97-99.

[27]王玲俊,陈健.光伏农业共生研究 [J].中国林业经济,2022 (06):35-41.

[28]覃月桂.露地栽培西瓜主要病虫害防治技术 [J].智慧农业导刊,2022 (06):75-77.

[29]翁开振.福鼎市生态茶园的建设模式与技术 [J].蚕桑茶叶通讯,2022 (05):32-34.

[30]于美荣,郑育锁,肖波,等.番茄滴灌水肥一体化技术试验研究 [J].天津农林科技,2022 (05):18-20+42.

[31]赵新阳,陈焕金,韩杰,等.农用植保无人机茶园病虫害防治效果分析 [J].南方农机,2022,53 (04):47-49+89.

[32]甘海玲.火龙果设施高产栽培技术 [J].农业工程,2022,12 (04):136-139.

[33]张苏丹,廖祥六,丁葛.湖北茶区安吉白茶生产加工技术浅析 [J].农业与技术,2022,42 (03):7-9.

[34]朱友民.蜜蜂为草莓授粉助农致富 [J].中国蜂业,2022,73 (03):46.

[35]祁梦菲.新时期化肥农药减量增效的路径研究 [J].新农业,2022 (03):20.

[36]李隆,卢俊宇,骆玉林.雅安市化肥减量增效主要工作措施及成效 [J].四川农业科技,2022 (03):86-88+92.

[37]张安盛,周仙红,房锋,等.山东省设施蔬菜主要害虫农药减量化防控技术 [J].农业知识,2022 (02):31+33.

[38]谢婉钰,赵迪斐,杨绍金.传统农业与新能源融合催生绿色发展新模式 [J].能源研究与利用,2022 (01):37-41.

[39]何雄奎.高效植保机械与精准施药技术进展 [J].植物保护学报,2022,49 (1):389-397.

[40]窦兴伦.探讨水稻直播栽培技术存在的问题及解决策略 [J].新农业,2021 (24):40.

[41]李春田.蔬菜大棚石灰氮高温闷棚技术 [J].新农业,2021 (22):38.

[42] 张群, 夏贤格, 陈展鹏, 等. 双季稻双机直播品种及播种量筛选 [J]. 湖北农业科学, 2021, 60 (22): 31-33+37.

[43] 旅游世界编辑部 (图虫·创意), 摄图网. 盘锦湿地稻花香 大地艺术稻田画 [J]. 旅游世界, 2021 (10): 32-37.

[44] 葛米红, 施先锋, 王德欢, 等. 武汉设施蔬菜尾菜资源化利用现状及对策 [J]. 长江蔬菜, 2021 (20): 72-76.

[45] 陈丹霞. 绿色食品红美人柑橘栽培技术 [J]. 现代农业科技, 2021 (19): 88-90.

[46] 李建国, 赵琼, 熊云霞, 等. 水稻 "一种两收" 吨粮模式栽培技术 [J]. 中国农技推广, 2021, 37 (09): 39-40.

[47] 陈斯伟. "彩色稻田" 展现乡村之美 [J]. 环境经济, 2021 (16): 38-39.

[48] 蒋超. 西甜瓜嫁接育苗技术 [J]. 种植技术, 2021, 380 (08): 148-151.

[49] 谷伟楠. 尾菜资源化利用模式探讨: 以昆明市嵩明县为例 [J]. 节能, 2021, 40 (07): 76-77.

[50] 余志引, 朱奇彪. 红美人柑橘设施温室大棚栽培技术 [J]. 现代农业科技, 2021 (14): 71-72+76.

[51] 杨仁灿, 沙茜, 胡清泉, 等. 病死畜禽无害化处理技术与资源化利用探讨 [J]. 现代农业科技, 2021 (07): 176-179.

[52] 赵懿, 杜建军, 张振华, 等. 秸秆还田方式对土壤有机质积累与转化影响的研究进展 [J]. 江苏农业学报, 2021, 37 (6): 1614-1622.

[53] 霍云龙, 王飞. 高温闷棚技术防治茄子黄萎病研究 [J]. 福建农业学报, 2021, 36 (05): 595-601.

[54] 赵会杰. 环境规制下农户感知对参与农业废弃物资源化利用意愿的影响 [J]. 中国生态农业学报 (中英文), 2021, 29 (03): 600-612.

[55] 王宏栋, 韩冰, 韩双, 等. 天敌治虫和熊蜂授粉技术在大棚草莓上的应用 [J]. 中国生物防治学报, 2021, 37 (02): 370-375.

[56] 刘卫华, 赵东风, 项小敏, 等. 双低甘蓝型油菜一菜两用高产栽培技术 [J]. 上海蔬菜, 2021 (01): 32-33+37.

[57] 王丰, 陈胜洪. 乡村大花园之景村融合营造技术: 以杭州西湖区双浦稻田画为例 [J]. 浙江园林, 2021 (01): 47-49.

[58] 农业农村部种植业管理司, 全国农业技术推广中心. 一类农作物病虫害防控技术手册 [M]. 北京: 中国农业出版社, 2021.

[59] 陈轲, 胡梦月, 徐阳, 等. 尾菜资源利用方式及肥料化技术研究进展 [J]. 环境保护与循环经济, 2020, 40 (12): 5-10+58.

[60] 毛江宁, 郭倩文, 檀学敏, 等. 高品质抹茶的原料绿茶关键栽培技术研究 [J]. 中国野生植物资源, 2020, 39 (11): 11-16.

[61] 肖欢，冯胜利．露地西甜瓜一年两作高效栽培技术 [J]. 北方园艺，2020（22）：161-165.

[62] 柳森水，钱明锋．柑橘新品种红美人引种表现及高效栽培技术 [J]. 江西农业，2020（10）：11-12.

[63] 冯尚善，崔荣改，王臣．我国新型肥料产业发展现状及展望 [J]. 磷肥与复肥，2020，35（10）：1-3.

[64] 程泰，陈爱武，蒋博，等．油菜绿色高质高效技术“345”模式示范推广成效及应用前景 [J]. 中国农技推广，2020，36（10）：27-29.

[65] 刘新国，李树虎．水稻直播栽培技术 [J]. 现代农业科技，2020（07）：27.

[66] 刘军军．马铃薯深沟高垄全覆膜栽培技术 [J]. 江西农业，2020（06）：13-14.

[67] 陈云峰，夏贤格，杨利，等．秸秆还田是秸秆资源化利用的现实途径 [J]. 中国土壤与肥料，2020（06）：299-307.

[68] 王希波，张祺恺，张伟丽．西甜瓜嫁接育苗技术 [J]. 农业工程技术，2020,40（04）：29-32.

[69] 王建平，王纪章，周静，等．光照对农林植物生长影响及人工补光技术研究进展 [J]. 南京林业大学学报（自然科学版），2020，44（01）：215-222.

[70] 何雄奎．中国精准施药技术和装备研究现状及发展建议 [J]. 智慧农业（中英文），2020，2（1）：133-146.

[71] 孙磊，王丽华，高中超，等．减氮配合增效剂和缓释肥对玉米田土壤温室气体排放和产量的影响 [J]. 土壤通报，2020，51（01）：185-194.

[72] 罗明，周妍，鞠正山，等．粤北南岭典型矿山生态修复工程技术模式与效益预评估：基于广东省山水林田湖草生态保护修复试点框架 [J]. 生态学报，2019，39（23）：8911-8919.

[73] 何成．浅析西瓜常见病虫害防治技术 [J]. 园艺园林，2019（11）：38-39.

[74] 张广丰．小麦生产全程机械化技术研究 [J]. 农民致富之友，2019（10）：27.

[75] 王晓荣，杜军志，张会梅，等．甜瓜病虫害防治要点 [J]. 西北园艺，2019（09）：42-43.

[76] 张明生．抹茶茶园的病虫害防治原则及方法 [J]. 农技服务，2019，36（08）：56-57+59.

[77] 徐少华．浅谈设施蔬菜二氧化碳（CO_2）施肥技术 [J]. 农业开发与装备，2019（08）：200+204.

[78] 陈瑶．设施蔬菜高温闷棚与秸秆还田技术 [J]. 四川农业科技，2019（06）：18-19.

[79] 杨洪建．水稻规模化集中育秧技术 [J]. 农家致富，2019（05）：26-27.

[80] 吴铎思，景双善．“植物工厂”人工补光技术有多神奇？[J]. 粮食科技与经济，2019，44（05）：16-17.

[81] 乔富永．西甜瓜设施栽培连作障碍快速修复技术研究 [J]. 农业与技术，2019，39（02）：114-115.

[82] 匡家兰．水稻“一种两收”高产栽培技术研究 [J]. 农家参谋，2018（18）：49.

[83] 杨小玲，宋兰芳．设施果菜补光技术应用现状与展望 [J]. 北方园艺，2018（17）：166-170.

[84] 杨虹琴. 有机茶园病虫害防治技术 [J]. 现代农业科技, 2018（15）: 144-146.

[85] 张春喜. 水稻规模化集中育秧及机插秧配套栽培技术 [J]. 江西农业, 2018（14）: 10.

[86] 陈军, 刘道敏, 郝睿. 油菜新品种大地 199 "一菜两用" 高产高效栽培技术研究 [J]. 安徽科技学院学报, 2018, 32（04）: 36-40.

[87] 范伟青, 王炳华, 颜福花, 等. 猕猴桃溃疡病防治新技术试验 [J]. 江苏林业科技, 2018, 45（04）: 33-35.

[88] 吴咏梅. 基于秸秆还田的小麦生产全程机械化集成技术试验示范分析 [J]. 江苏农机化, 2018（03）: 27-28.

[89] 湖北省农业厅. 湖北省粮食作物绿色高效模式 30 例 [M]. 武汉: 湖北科学技术出版社, 2018.

[90] 田天桂. 设施蔬菜优质高产栽培技术探析 [J]. 农业开发与装备, 2017（12）: 164.

[91] 胡丽娜. 吊袋式二氧化碳气肥大棚施肥使用技术 [J]. 现代农业, 2017（10）: 43.

[92] 吴雅丽. 利用杀青技术改善夏秋茶品质探析 [J]. 南方农业, 2017, 11（08）: 124-126.

[93] 马彦霞, 王晓巍, 张玉鑫, 等. 甘肃省尾菜资源化利用现状及对策 [J]. 甘肃农业科技, 2017（06）: 56-60.

[94] 陶秀萍, 董红敏. 畜禽废弃物无害化处理与资源化利用技术研究进展 [J]. 中国农业科技导报, 2017, 19（01）: 37-42.

[95] 王迪轩, 何永梅, 李建国. 新编肥料使用技术手册 [M].2 版. 北京: 化学工业出版社, 2017.

[96] 郑守贵, 刘克荣, 李劲松, 等. 玉米宽行双株增密高产栽培技术 [J]. 中国农技推广, 2016, 32（03）: 24-25.

[97] 黄晓丽, 李蔚. 鄂东南棉区棉花麦后直播栽培的关键技术 [J]. 棉花科学, 2016, 38（01）: 52-54.

[98] 朱伯华, 汪坤乾. 现代种植业实用技术 [M]. 武汉: 湖北科学技术出版社, 2016.

[99] 杨丽红, 章锦良, 何旻珊, 等. 蔬菜防虫网覆盖栽培技术研究与推广 [J]. 蔬菜, 2015（12）: 49-51.

[100] 杨普社, 杨晓红, 王孝琴. 设施蔬菜集成技术手册 [M]. 武汉: 湖北人民出版社, 2015.

[101] 刘美红, 郭秀丽, 黄丽, 等. 草莓设施栽培周年生产技术 [J]. 农业与技术, 2014, 34（07）: 151.

[102] 王兴辉, 杨玉. 时鲜水果栽培新技术（6）猕猴桃园的管理 [J]. 湖南农业, 2014（06）: 28.

[103] 中华人民共和国国土资源部 TD/T 1044—2014 生产项目土地复垦验收规程 [S]. 北京: 中国标准出版社, 2014.

[104] 王小中, 唐贵成, 廖月霞. 油菜免耕直播轻简栽培效果与技术 [J]. 四川农业科技, 2013（12）: 14-15.

[105] 钱忠贵, 安林海. 大棚草莓标准化生产技术规程 [J]. 蔬菜, 2013（02）: 5-7.

[106] 付明星. 现代都市农业：种植业技术 [M]. 武汉：湖北科学技术出版社，2013.

[107] 朱林耀，姜正军. 设施蔬菜实用技术 [M]. 武汉：湖北科学技术出版社，2013.

[108] 中华人民共和国国土资源部 TD/T 1036—2013 土地复垦质量控制标准 [S]. 北京：中国标准出版社，2013.

[109] 吴永成，牛应泽，刘勇，等. 四川稻茬田油菜机直播轻简高效栽培技术 [J]. 四川农业科技，2012（10）：20.

[110] 杨普云，赵中华. 农作物病虫害绿色防控技术指南 [M]. 北京：中国农业出版社，2012.

[111] 章鸥，魏猷刚，甘小虎，等. 南京地区早熟西瓜工厂化嫁接育苗技术集成 [J]. 长江蔬菜，2011（18）：36-39.

[112] 冷杨，梁家梅，李建伟，等. 蔬菜标准园生态栽培技术解读 [J]. 中国蔬菜，2010（19）：3-8.

[113] 向子钧，王盛桥. 农作物病虫害简易测报与防治 [M].2 版. 武汉：武汉大学出版社，2009.

[114] 马国瑞. 叶面肥施用指南 [M]. 北京：中国农业出版社，2009.

[115] 郭彦彪，邓兰生，张承林. 设施灌溉技术 [M]. 北京：化学工业出版社，2007.

[116] 毛世荣，刘厚照. 新编蔬菜实用技术手册 [M]. 武汉：武汉出版社，1998.

[117] 李冬，刘雷. 以彩色稻田为例探讨创意农业在乡村振兴中的作用 [J]. 浙江农业科学，2020，61（12）：2489-2493.

[118] 华永新，覃舟，唐洪兴. 杭州地区光伏农业典型模式与发展对策 [J]. 浙江农业科学，2021（1）：233-236.

[119] 尚超，马长莲，孙维拓，等. 我国光伏设施园艺发展现状及趋势 [J]. 农业工程，2017（6）：52-56.

[120] 毕慧芳. 鲜食甜糯玉米新品种的选育及推广研究 [J]. 种子科技，2021，39（05）：13-14.

[121] 李晏斌，熊恒多，乐衡，等. 2014 年湖北省鲜食春大豆品种区域试验 [J]. 长江蔬菜，2018（10）：59-63.

[122] 许甫超，李梅芳，董静，等. 高产优质小麦新品种鄂麦 006 配套栽培技术研究 [J]. 现代农业科技，2017（21）：6-7+9.

[123] 李煜华，任俭，熊建顺，等. 武汉地区早春大棚网纹甜瓜栽培技术 [J]. 长江蔬菜，2020（24）：59-60.

[124] 焦自高，齐军山. 甜瓜高效栽培与病虫害识别图谱 [M]. 北京：中国农业科学技术出版社，2015.

[125] 贺欢，胡正梅. 风雨过后，明媚如春：记武汉天下先现代农业发展专业合作社 [J]. 长江蔬菜，2017（02）：12-13.

[126] 昌华敏，刘克敏，梅军. 发展五特水稻 振兴湖北种业 [J]. 中国种业，2018（11）：12-16.

[127] 昌华敏，刘克敏，游艾青. 实施优质种粮一体化工程 推动湖北水稻产业转型提升 [J]. 中国种业，2022（06）：21-24.